国际时尚设计丛书 · 服装

时装设计元素：

男装

【英】约翰·霍普金斯 著
(John Hopkins)

刘莉 译

中国纺织出版社有限公司 | 国家一级出版社
全国百佳图书出版单位

内 容 提 要

《时装设计元素：男装》一书对这个迷人的时尚领域中存在的变化的、有时是复杂的关系提出了一个更新的观点。这本视觉效果强烈的书，通过考虑一系列在历史中定义了男装的社会和历史背景，对这一主题进行了广泛的介绍。

男装设计过程和研究来源，将与来自学生和新近毕业生以及更多成熟的设计品牌的时装画和表现方式，一起考虑和呈现。

书中有当代男装品牌、造型师和设计师的访谈，他们提供了有价值的、对不同风格的深入洞悉，同时，他们也是继续影响和定义21世纪男装的榜样。

原书英文名：Basics Fashion Design: Menswear
原书作者名：约翰·霍普金斯（John Hopkins）

本书中文简体版经Bloomsbury Publishing PLC. 授权，由中国纺织出版社有限公司独家出版发行。
本书内容未经出版者书面许可，不得以任何方式或任何手段复制。
著作权合同登记号：图字：01-2018-1435

图书在版编目（CIP）数据

时装设计元素 . 男装 /（英）约翰·霍普金斯著；刘莉译 .-- 北京：中国纺织出版社有限公司，2019.10
（国际时尚设计丛书 . 服装）
书名原文：BASICS FASHION DESIGN: MENSWEAR
ISBN 978-7-5180-6641-4

Ⅰ.①时… Ⅱ.①约…②刘… Ⅲ.①男服—服装设计 Ⅳ.① TS941.718

中国版本图书馆 CIP 数据核字（2019）第 186679 号

责任编辑：宗 静 特约编辑：杨晓洁 张长敏
责任校对：寇晨晨 责任印制：何 建

中国纺织出版社有限公司出版发行
地址：北京市朝阳区百子湾东里A407号楼 邮政编码：100124
销售电话：010—67004422 传真：010—87155801
http://www.c-textilep.com
中国纺织出版社天猫旗舰店
官方微博http://weibo.com/2119887771
北京市雅迪彩色印刷有限公司印刷 各地新华书店经销
2019年10月第1版第1次印刷
开本：710×1000 1/16 印张：12.5
字数：120千字 定价：98.00元

意大利佛罗伦萨男装展上，美国男装设计师汤姆·布朗展现在一个模拟的1950年代办公室空间里阵列的男模们。

目 录

引言

第1章
历代男装　8

第2章
传统男装　54

在迷人而又复杂的时装领域，男装带来了一种视觉上的冲击和全新的视角。本书考察了男装的历史演变和社会演变，以及宫廷服、商人服、制服和军服在其过程中的影响。书中介绍了男装定制的丰富历史和传统，并将伦敦萨维尔街的定制传统和"英伦风格"与同样独特的意大利软剪裁传统以及美式预科生风格进行对照与比较。男士运动装和丹宁布带来的影响也是男装发展史的一部分。最后，本书介绍了男装的设计流程，以及如何将主题、概念和影响转化为男装设计的可靠研究来源。

通过各种富有启迪性的图片和来自男装专家的深刻见解，本书旨在激发您对迷人的时尚领域的兴趣，并提升您对源于男装设计的工艺和传统的鉴赏力。

◐ 博柏利（Burberry）2010秋冬男装系列受军装影响较深。

“人靠衣装,赤身裸体者对于社会几乎毫无影响力可言。”

马克·吐温

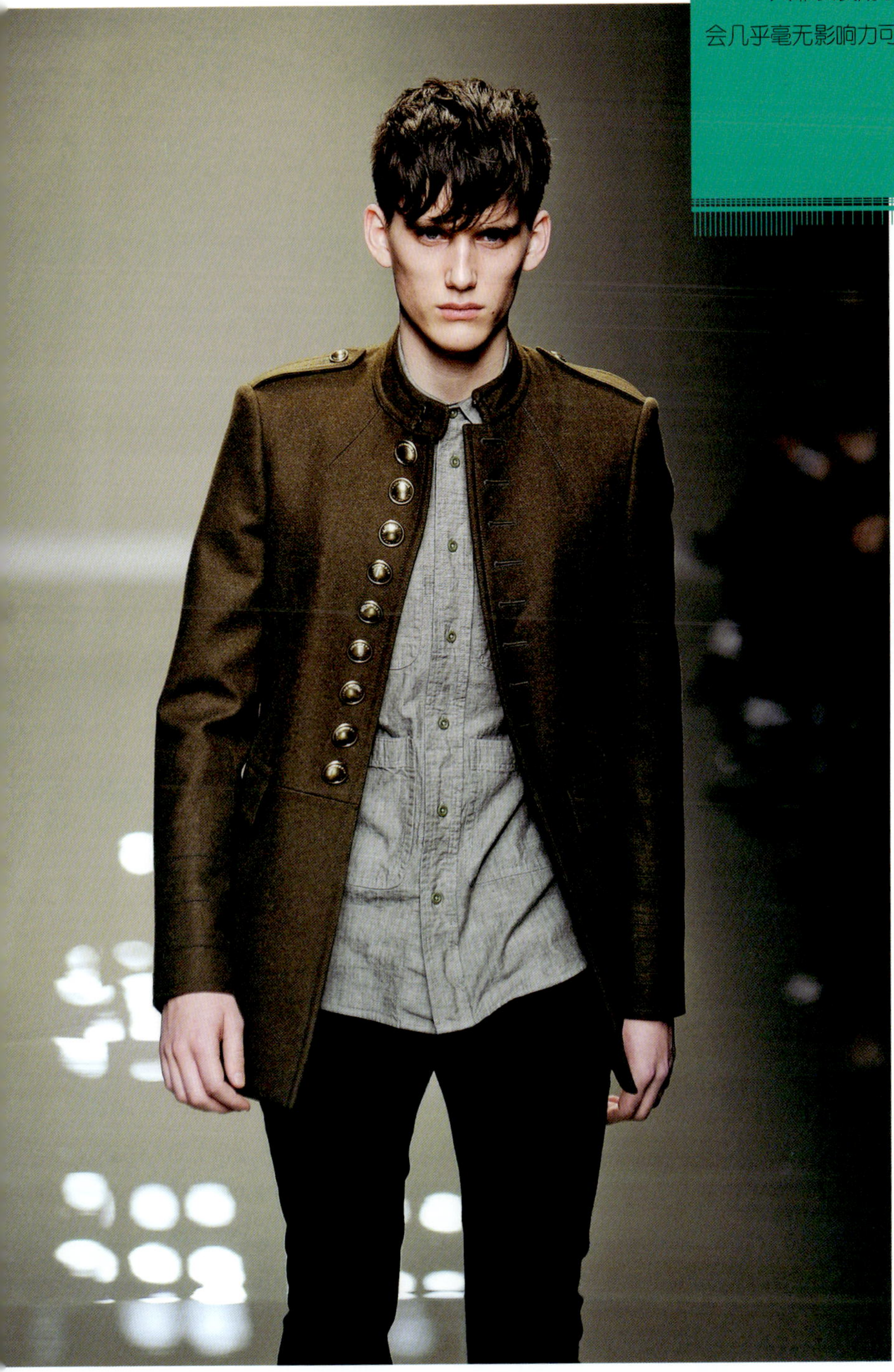

唯有曾经的 "时髦"

才会变成 "过时" 。

奥斯卡·王尔德

男装的历史也是穿越不同时代的人类服装史，是一段穿越独特的社会和文化背景而产生的迷人又复杂的旅程。

本章介绍了男装的历史演变和社会变革，并考察了宫廷和商人服装款式、制服和军服在演变过程中的作用和影响。此外，探讨了男装对女装的影响，男性时尚偶像的影响，以及他们在音乐、电影和体育日益媒体化的环境下，界定和重新定义"典范"或标准的作用。

古典时期

- 大多数男女服饰为垂褶样式
- 染色和打褶的工艺得到发展
- 希腊文明建立了经典的黄金比例
- 广泛使用羊毛和亚麻
- 罗马男子服饰强化地位和阶级

中世纪

- 异邦人喜欢穿着宽松的束腰外衣搭配袜裤（称为男士紧身裤）
- 欧洲社会组成皇室，开创了宫廷服饰
- 束腰外衣的款式更复杂，增加了不同的造型和装饰
- 贸易和手艺技能进入行业公会
- 男装受"禁奢法令"的限制以维护阶级和地位
- 贵族普遍穿着皮草
- 兜帽、披肩和多层次的束腰外衣流行
- 男装更注重裁剪和造型
- 束腰长外衣演变为短夹克
- 悬垂袖引导时尚
- 奢华的勃艮第宫廷装引领欧洲服装风尚
- 丝绸衣料增多

文艺复兴时期

- 男装的样式在北欧和意大利地区出现分化
- 北欧时装流行切口和宽大的廓型
- 男士穿紧身短上衣配紧腿裤
- 出现男士无袖短上衣款式
- 填充和绗缝的工艺得到发展，并且影响当时的服装廓型
- 男士紧腿裤的款式发展为上端是填充蓬松短裤，下端仍为老款
- 男士流行豆荚式紧身衣
- 贴身内衣的皱褶边演变为男士的轮状皱领
- 西班牙宫廷装使黑色成为流行色
- 出现浆化挺括的服装
- 威尼斯人更宽松的马裤和外衣取代了填充蓬松短裤

巴洛克时期

- 缎带和蕾丝在男女装中变得流行
- 蕾丝领成为风尚
- 在巴洛克早期，骑士装占男装主导地位
- 清教徒钟爱的款式为不带任何装饰的黑色服装
- 带马刺的皮靴开始流行
- 法国宫廷装成为整个欧洲男装的潮流引导者
- 法国和英国宫廷装引入更长的贴身法袍款式，与马甲相配，替代了紧身上衣
- 假发开始在男士中流行
- 时尚男士穿着裙裤
- 三角帽和带扣的鞋子流行
- 法袍演化为Justacorps款式：一种收腰及膝长外套

洛可可时期至法国大革命

- 法国与英国建立棉花制造厂以满足棉织品流行的需求
- 及膝马裤裁剪得更贴身，前开口处使用 "fall" 的款式
- 男士戴假发的流行达到顶峰
- 英国引入男士大衣和双排扣长礼服
- 英式骑马装开始流行
- 男士外衣出现立领
- 作为法国革命的一部分，法国废除了 "禁奢法令"
- 法国大革命的革命者引入以英式水手裤为基础的宽松的bridge裤，取代了象征资产阶级的及膝马裤
- 及膝马裤和假发快速退出潮流

◔◔◔ 一份15世纪彩色手稿的细节显示男士穿着束腰外衣和紧腿裤
◔◔ 阿尔布雷·丢勒于1498年画的自画像。他身穿优雅的贵族服饰以彰显其社会地位
◔ 西班牙艺术家委拉斯奎兹一幅巴洛克风格的画作，画中人物戴着轮状皱领

帝国时期至浪漫主义时期

- 英式骑马装有了更多的变化
- 出现双排扣的燕尾服和男士灯笼裤
- 出现短款斯宾塞夹克
- 高筒窄边男用丝绒帽演化为高顶大圆礼帽
- 领结成为绅士的必备服饰
- 博·布鲁梅尔将英式乡村风格的衣着款式引入绅士的衣橱，并建立了男士着装规范

19世纪

- 男士着装大量使用稳重的颜色，如黑色、海军蓝和灰色
- 19世纪30年代出现背带（男性胸衣）和大腿部的垫衬，以形成更圆的定制廓型
- 双排扣长礼服、骑马外衣和灯笼裤继续流行
- 羊腿袖被运用到男士大衣上
- 伦敦的萨维尔街建立并改进了定制工艺
- 黑领结和白领结成为男士正装的着装礼仪
- 休闲夹克成为日间穿着

- 骑马大衣演化为晨礼服
- 出现双排扣水手服
- 出现活结领带（即现代领带）
- 出现缝纫机，提高了男装的生产力
- 随着诺福克风格的斜纹软呢外套的推出和运动花呢剪裁的休闲夹克的出现，英式运动风格不断演变
- 出现切斯特菲尔德大衣
- 流行针织"组合"内衣

20世纪

- 休闲夹克与搭配的裤子成为工作服基础
- 在第一个十年期间，男裤流行折缝
- 19世纪建立的正装标准变化很小，有时会增加护脚或绑腿
- 由于汽车驾驶开始流行，车用大衣和防尘风衣发展起来
- 军用风衣成为平民的穿着
- 拳击四角短裤成为男士的内衣
- 欧洲和美国的男装定制行业发展出各自的特色
- 单排扣和双排扣西装与夹克交叉流行，肩部的裁剪和翻领的款式随之变化
- 男性消费者更容易购买到成衣

- 运动服面料的发展使得穿衣和洗衣都更方便
- 年轻人流行的牛仔装和休闲运动装快速影响大众
- 滑雪装、运动和纺织工艺促进了男士运动休闲装的发展
- 流行音乐和媒体的影响扩大了男士日常着装与休闲着装的范围
- 男装设计品牌与更成熟的定制服(如萨维尔街)占有强大的市场份额
- 在纺织和媒体传播方面的先进技术不断发展现代男装

◔◔◔巴洛克时期广泛佩戴三角帽
◔◔在这幅由Laurent Pecheux创作的18世纪肖像画中，帕尔马公爵菲利浦一世身穿西班牙宫廷礼服
◔19世纪初，黑色为男性正式装扮

本章我们将首先区分男性服饰和"时尚"男性服饰的概念，因为后者一般适用于中世纪晚期建立的宫廷服饰体系。大体上有两种主要的男性服饰形式。第一种是垂褶样式。垂褶样式的特点是布料成大块的长方形、椭圆形或新月形，我们通常会与古希腊人、罗马人或伊特拉斯坎人联系在一起。这些布料以不同的方式折叠、固定、打褶或缠绕身体。这种早期的着装风格利用了所有编织面料，确保没有浪费。

对男装发展至关重要的第二种服饰形式是"定型"或"定制"样式。尽管这种着装方式通常归因于男装后期演变，但其起源可以回溯到人类最早将兽皮塑造人体各个部位的尝试。在遮蔽或修饰人体时，不同大小、纹理和形状的兽皮在使用和功能上需要不同的方法。考虑到当地习俗和做法的差异，垂褶样式和早期定制样式的演变随特定地区现有或当地资源和技术而有所不同。

◗1880年7月，法国时尚版画上的男士运动装

职能和地位

男性服饰最显著的特征是由男性的职能和地位决定的，这对男装的发展和服饰的风格产生了巨大的影响。服装既有实用的目的，也有美学的作用。定义历代男装基本原则之一，就是在性别、社会地位和文化方面，穿着传达了身份。

通常与古希腊人和罗马人联系在一起的早期男性服饰款式起初看起来几乎难以区分。然而，它们之间存在着许多微妙而显著的差异。男性希腊服饰上的垂褶、褶皱和褶裥形态通常更具艺术性和美学性。希腊人对裸体和男性身体有一种放松的态度。一名男子若是围裹着一件希玛纯长衫（Himation）或一件男性希顿束腰外衣（Chiton Tunic），就可以据此识别他的身份。下层阶级的男子和奴隶穿著较短的Exomis束腰外衣。头发和胡须的整理方式，是男性社会地位的另一个重要标志。

○ 正如希腊哲学家索福克勒斯（Sophocles）的这尊雕像所显示的那样，希腊的希玛纯长衫象征着地位：由上层阶级的男性穿着

罗马男性服饰的发展受到伊特拉斯坎人的影响。与古希腊的男性服饰相比，罗马男性服饰更以阶级为基础，也更规范，反映了罗马社会对其公民和外来者之间的正式区别，这是一个高度有组织的统治和治理体系。罗马的托加长袍（Toga）比任何古代服装更能体现这一点。严格的着装规则是由一个人的贵族（社会）地位和等级决定的，包括皇帝在内。托加长袍的整体颜色、镶边（称为praetexta）及其布料都传达着意义。因此，罗马托加长袍演变为礼服。

🔾 身穿托加长袍的大祭祀长——奥古斯都（Augustus）的雕像

禁奢法令

男士服装历史上最有趣的一个方面是禁奢法令的普遍影响。从本质上讲，这些法令通过限制服装、装饰和奢侈品消费来规定和加强社会等级和道德感。中世纪禁奢法令的引入以及奢侈品在17世纪以前相对广泛的使用，成为维持和加强阶级差异和财富的手段。

着装规定是罗马时期生活的一个特征，也许典型的是限制使用提尔紫（王室专用色）。由于限制使用并保留给地位高的罗马人和皇帝专用，这实际上使紫色纺织品成为地位的象征。这些法令贯穿于整个拜占庭帝国时期，当时国家通过建立行会控制进口商品的价格和数量并管制国内制造业。随着公元550年左右在欧洲引入丝织物，丝绸生产成为国有垄断，其用途仅限于服装和豪华刺绣，供最富有的公民以及朝臣和大祭司使用。

在亨利八世的统治下，禁奢法令仍然是英国都铎王朝的一贯特征，亨利八世为王室设定了着装标准。他气势威严，并且渴望与当时的两个主要欧洲强国法国和神圣罗马帝国竞争。1520年，亨利和法国的弗朗西斯一世举行了所谓的"金缕地"会议，但这只不过是炫耀财富而已。后来，在1574年，英国女王伊丽莎白一世引入了一系列的禁奢法令，其中包括禁止男性使用"任何紫色的丝绸、黄金织物和黑貂皮，仅限国王、王后、国王的母亲、孩子、兄弟、姐妹、叔叔和婶婶穿着；公爵、侯爵和伯爵可以穿着同样的紧身上衣、紧身皮大衣、衬里斗篷、礼服和紧腿裤、吊袜带，紫色仅限披风。"着装规则仍然是欧洲王室的优先事项，并通过行会制度予以维护。

◐ 亨利八世的这幅肖像突出了北方文艺复兴时期男性服饰宽阔、层次分明的廓型和装饰性的裂口

宫廷服饰

虽然宫廷服饰可以追溯到古代文明，尤其是古埃及法老王朝，但直到中世纪，"时尚"这个词才可以用来形容这种集体风格。在此期间，欧洲的时尚服饰风格由皇室制定，各个皇室都有君主和贵族阶层。为了表明自己的社会阶层和尊严，"时尚"逐渐体现为穿着和举止。

在中世纪男性主导的社会中，男性时装的特点是使用奢华的面料、鲜艳的颜色和炫目的细节。欧洲纺织工人在生产精制丝绸和织锦方面变得更加熟练，丝绸和织锦以前从东方进口。男士服装在这一时期经裁剪也发展得更为合身并突显男性身材。

在15世纪，北欧的男性服饰风格深受当时最奢华、最时尚的勃艮第宫廷的影响。即使1477年勃艮第政权的消亡也影响了男性的服饰，瑞士士兵和德国雇佣兵在战场上被这些奢华的纺织品所震惊。他们把纺织品剪开，套在自己的衣服上再从切口处把自己的衣服拉出来。这引起了英王亨利八世统治期间流行的宫廷风尚。

在随后的几个世纪中，奢华宫廷服饰的结构和礼仪仍然是男性服饰的特色。16世纪西班牙宫廷风兴起，男装采用"严肃黑"，由醒目的白色轮状皱领衬托。后来，随着法国成为欧洲的超级大国，国王路易十四的奢华宫廷服饰风格在整个欧洲的皇室广为流行。

18世纪晚期的法国大革命打破了这一定义时尚男装的宫廷制度：服装和纺织业的行会被取消，法国的禁奢法令也被废除。拿破仑·波拿巴后来恢复了古典主义的宫廷制度，但此时，欧洲各个宫廷开始争夺影响力，受军事协会的启发，宫廷男性服饰也变得更加正式。

⬥16世纪的贵族们穿着精致而面料挺括的服装，包括紧身上衣和蓬松紧腿裤，外穿披肩大衣

时尚偶像：威尔士亲王，爱德华

短暂执政的国王爱德华八世在1936年退位与沃利斯·辛普森结婚之前也被称为温莎公爵。爱德华早年是男装潮流的创始人。作为威尔士王子，他的个人风格和无可挑剔的品位使他成为一名时尚偶像。他将高尔夫球裤以及"威尔士亲王格"带入大众生活，使之成为受欢迎的男士休闲西服装扮。

"不要以为我迷恋服装，而是受形势所迫我培养了着装意识。作为威尔士亲王决定了我在任何场合都必须衣着得体。"

爱德华八世

商人服饰

商人服饰是商人或商业阶层所穿的一种既定的服装样式，在宫廷制度的严格规定之外演化而来。在18世纪和19世纪，随着工业革命的开始以及欧洲和北美中产阶级人口的增长，这种服饰风格变得越来越重要。

18世纪晚期的法国大革命对男性服饰风格产生了深远的影响，时至今日依然如此。其最大的影响之一是摆脱了浮华的服饰、奢侈的装饰和华丽的色彩运用。这场革命所谓的"恐怖统治"，意味着穿着华丽、时髦的衣服变得非常危险，追求简单、放弃装饰成为必然之势。英国水手裤作为一种新型的男装风格被采用，并很快成为反抗的政治象征，因为这种风格代表了普通工人。这一时期也标志着一种更为简朴的男士着装规定兴起，盛行蓝色、黑色和棕色。此外，为了顺应时代的社会风气，男性被鼓励转向更为"严肃"的事情，而不是穿着打扮。因此，男装在新兴、快速的工业社会中采用了克制和冷静的风范。

△ 19世纪乔治·克林特的《绅士的画像》

在19世纪的英国，男装越来越受到"乡村生活"风格的影响，这种风格起源于地主士绅，反映了他们对骑马和狩猎等乡村活动的兴趣。男士套装通常强调诸如皮马靴和羔皮手套等之类的细节。引入了许多定制款式，包括礼服或"骑装"、燕尾服、双排扣长礼服以及挺括的高衣领和领结，所有这些都已经演变成男士衣橱的基本单品。

军服的早期表现形式与战争的实用性质有关。几种不同的盔甲形式因此而形成，包括锁甲和锁子甲——由多重套扣的金属环制成的短袖或长袖护身铠甲；以及起源于古代世界的板甲，它最初由青铜胸板组成，后来才演变成我们通常与中世纪骑士联系在一起的关节式全身盔甲。另一种古代军用盔甲是鳞甲，由最初硬化皮革制成的盔甲演变而来：用覆盖皮革或金属鳞片等防护材料缝在帆布或皮革基材上制成。有时会将两个或两个以上的盔甲组合，穿在有衬垫的紧身无袖衬衫外面。

通过区别盔甲来维持行伍的纪律性为定义军服提供了更人性化的需要。这超越了功能性、刺激的军事风格，采用更"时髦"的外观和可见的美感，进而对自古到今的男装款式产生了广泛影响。

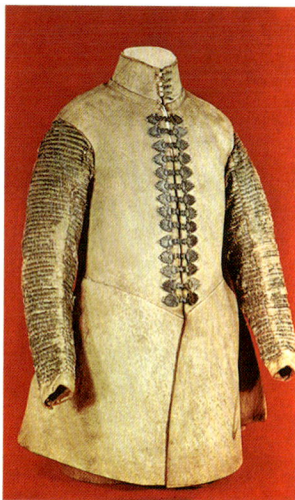

◐17世纪20年代英国步兵穿着的袖口带银质穗带的磨面绒革上衣

◐用街头时尚改造和解读的军服

◭中世纪法国士兵，取自A. Racinet1888年的《历史上的服装》

双排扣外套

　　双排扣大衣最初是一种航海服装，设计用来应对恶劣的天气条件。海军军官穿的是较长的外套，至大腿下部，而水手的外套稍短，提供更强的灵活性。对襟双排扣大衣的设计包含传统锚扣，由海军蓝和褐色的麦尔登厚呢布料制成。经典的双排扣设计成为经久不衰的男装经典和流行时尚元素。真正的海军双排扣外套可见于军用物资商店，已经融入到男装设计更广泛的表达之中。

连帽粗呢外套

　　连帽粗呢外套是一种特别的单排扣连帽外套，其特点是角质或木质的棒形纽扣，最初由被称为"duffle"的粗毛织物制成。在第一次和第二次世界大战之间，皇家海军采用了连帽粗呢外套，并将其进行修改以满足军人的需要。厚毛织物提供保暖和防护的同时，其棒形纽扣即使戴着厚手套也能轻易解开。这种大半身上衣拥有两个大贴袋，肩膀上多加了一层面料，用来防止水分浸透。尽管连帽粗呢外套出身平凡，且与军事相关，但它已成为男士衣橱里的经典款式。

裁缝的起源

男装通过连续试验和创造实现的早期技术发展，很大程度上得益于军服的演变。中世纪最重要的发展之一是衬料的进步和更精妙的绗缝工艺，它们被用于成形的帆布或皮革上，做成一种叫作gambeson的棉夹克。盔甲的穿着，以及保护身体上部免受瘀伤和擦伤的需要，也导致了叫作"盔甲衬衣"，在两侧和边缘镶有系带的贴身无袖紧身衣的发展。对保护躯干的强调意味着袖子需要通过一种叫作"尖包头系带（point）"的方式单独系上。

随着16世纪军用和民用服装中出现更短的紧身款式，士兵开始穿着粗绒制黄皮军装上衣，这种短上衣款式的演变就显得更加突出和明显了。如此一来，军装款式开始对男装民用款式的影响更加强烈，激发了更精妙的造型和结构技艺的发展。

在17世纪巴洛克时期，军用和民用款式之间的结合尤其明显，男装款式深受军服的影响。长袍、短上衣与马裤、时尚的高跟鹿皮靴及马刺一同搭配，所有服饰都在下摆和袖口装饰了花边。在17世纪中叶，英国内战期间，出现了一种被动员前往战况最紧急区域作战的职业士兵。这标志着军服和军装更有组织性地出现，这种方法符合如今我们中大多数人的认知。

18世纪宣告了欧洲列强之间贸易和军事对抗的新时代。军装以严格的分类和突出的军装穗带为特点，因为其布料的裁剪依然与民用男装相差不大。军服的基础是军团外套，确定每名士兵及其隶属单位，装饰有军扣、对比饰面、袖口和军装穗带，一直到19世纪早期，日益繁复和强调装饰性。

双排扣休闲西装外套

18世纪，海军军官和水手在岸上标配穿着是带金制纽扣的蓝色短休闲外套。"休闲西装外套（Blazer）"一词来源于英国护卫舰HMS Blazer，据说它的船长为准备维多利亚女王对军舰的视察，安排船员们穿着独特的定制款式上衣。如今，海军蓝休闲西装外套已成为男装的经典款式。日常穿着的双排扣定制休闲西装外套除了海军蓝，还有其他颜色，其特点是戗驳领，现在流行的是羊毛法兰绒、精纺毛料和哔叽材质。这一标志性的款式装饰有军事风格的铜扣，介于正装和运动装之间，在男性衣橱中占据独特地位。

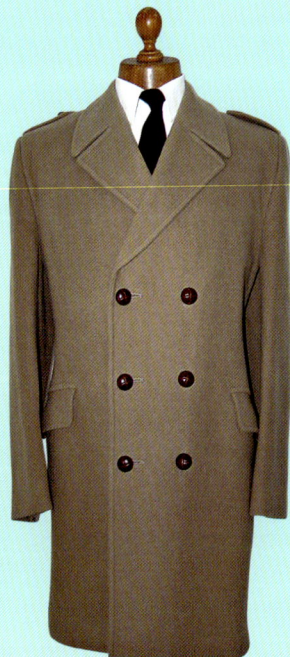

厚呢大衣

这一英国款式原本作为军用大衣设计，是第一次世界大战期间军官的衣着。这种双排扣外套的省和缝的造型颇具特点，还以肩章和皮纽扣为特征。它常常配有尖形驳领、双唇袋和单唇袋。及膝长度的厚呢大衣常常是麦尔登呢或厚马裤呢材质，后中开衩。

博柏利

　　该英国奢侈品牌由年轻布商托马斯·博柏利（Thomas Burberry）创办于1956年，以其男装和女装中鲜明的House Check和风衣款式而闻名。托马斯·博柏利被认为是斜纹防水布料（Gabardine）的发明人，并在19世纪将其作为透气、防水布料进行了推广。博柏利很快因为为南极和珠峰等极端天气环境下的远征队供应服装而声名鹊起。1914年英国陆军部的委托订单带来了男装经典风衣款式（配备肩章、风雨挡、D形环配饰）的发展。

◀博柏利在其当代男装系列中持续更新其标志性的风衣

29

礼服

到18~19世纪，战争中火器的盛行使得制服防护功能的重要性降低。装饰性的军装和华丽制服作为阅兵仪式这样正式场合中的正式服装而出现。过去的军用服饰和配饰，如斜挂肩带及佩剑、羽毛装饰的帽子、彩带腰带被用于正式和国事场合。甚至直到今天，还会穿上一些可以被称为历史特征的军服来传达权威、稳定和传统。

同样，法律、市政和学术人事穿着长袍以表达世系、连续性和继承性，这成为男装发展中的一大重要特征。比如，在英国，高等法院的法官仍然穿着礼服，包括将长至脚、镶着白色毛皮面料的猩红披风穿在黑色大礼服裤和搭配黑色漆皮鞋及钢扣的长袜外面。

苏格兰风笛手身着传统裙装的标志性制服是一种十分独特的礼服模式。高高的羽毛帽、军事风格并配有穗带和氏族胸针的紧身上衣或罩衫、格子花呢或方格裙搭配马鬃毛皮袋、格子袜、鞋罩或方格长袜和吉利粗革皮鞋都是这一传统服饰的特征，数个世纪以来一直受到皇室的青睐。

各种军服形式继续对男女时装产生着周而复始的影响，与此同时，人们以街头风格的名义对其进行着使用和个性化定制。

◐19世纪墨西哥总统Porfirio Diaz的画像，身着军装

随着时间的推移，男装的"规则"和惯例起到了稳定男装风格的作用，消除了我们通常与女装相关联的一些变幻无常的时尚。反过来，这也使"经典"男装得以诞生，如军用风衣，它由耐用的华达呢面料制成，专为第一次世界大战期间的士兵而设计。风衣已经成为标志性的服装和当代时尚经典，既适用于男装，也适用于女装。

当代女装系列经常参考男装款式或经典的衣橱单品，并从男装中提取功能性细节。可以采用男装的款式，比如采用男士无尾礼服，并将之体现为女性服装的设计；也可以采用诸如细条纹或传统斜纹软呢的面料，或者应用男装细节，如狩猎风格的风琴袋。

◐凯瑟琳·赫本的独立精神和个人风格从男装中借用了很多，包括她喜欢穿定制的裤子

○男性化风格的着装已经成为许多女装系列反复出现的特点，包括蔻依（Chloe）的A/W10系列

刚柔并济

在20世纪60年代和70年代，尽管有些设计师尝试创造中性化服装，但从历史上看，男士和女士的服饰风格通过对线条、比例和廓型的不断重新评估来区分自己。几个世纪以来，时尚在强化性别角色和社会固有印象方面的作用得到了充分的证明。然而在20世纪，像可可·香奈儿这样的设计师期待男装来推动女装事业的发展，不仅首次将平纹针织作为女性外衣面料，还通过她"假小子"的造型创造出独特的中性化的廓型，这震惊了整个上流社会。

在时尚复杂的视觉历史中，中性化是一个反复出现的主题，在当今，它仍然激励和启发着时装设计师。流行音乐、运动和街头风格等文化源头也促成了这个变幻无常的时尚领域。2002年，伦敦维多利亚阿尔伯特博物馆举办了一场名为"穿裙子的男人"的展览，该展览追溯了男性穿着垂褶服装的历史先例，同时探索了当代男性服饰的参数和习俗，并考虑重新设计"男人的裙子"。

时尚偶像：大卫·鲍伊

大卫·鲍伊(David Bowie)是一位多才多艺的音乐家、演员和制作人，他的职业生涯和音乐影响力历经多年而不衰。修长的体型和变色龙般的能力使他成为了时尚的领跑者。多年来，从摩斯族到20世纪70年代的华丽摇滚，以及后来的灵魂和电子风格，他巧妙地运用了一种混合的外观。20世纪80年代，他影响了英国新浪漫主义风格的早期发展；然而，在70年代，鲍伊雌雄同体的舞台形象Ziggy Stardust是他在音乐生涯中最重要的形象之一。鲍伊保留了他年轻的外表，并继续展现出令人信服的个人风格。

电影、音乐和媒体都对男装的演化和发展产生了重要影响，尤其是在20世纪，消费主义和流行文化兴起。20世纪也逐渐放宽了一些旧"规则"，这些规则限定并遏制了前几个世纪的男装。变革的动力往往来自于体育和休闲活动以及音乐传统，这些都向更广泛的受众传播。在经历了第一次世界大战的创伤后，欧洲和美国准备拥抱变革。美国好莱坞电影的发展和流行在男装的演变过程中尤为重要，并使得更为舒适放松的着装方式获得更广泛的认可。美国休闲西装越来越受欢迎，因为基于阶级的礼服留给了正式场合和时尚边沿。

时尚偶像：詹姆斯·迪恩

詹姆斯·迪恩(James Dean)出演广受好评的同名电影后成为无可置疑的"无因的叛逆者"。1955年，年仅24岁的他在车祸中离世。虽然英年早逝，迪恩带来的文化获得了确认，也与心怀不满的年轻人的焦虑和战后青少年的出现有着不可分割的联系。迪恩使得牛仔裤进一步流行，并定义了一代青少年的时尚。

电影

　　由于克拉克·盖博、弗雷德·阿斯泰尔、加里·库伯和加里·格兰特等银幕偶像的流行，好莱坞定义和重新定义了男性的服饰风格，正如它对女性服饰的影响。好莱坞还让欧洲观众认识了美国牛仔和黑帮风格。詹姆斯·迪恩和马里恩·白兰度叛逆少年的形象出现于银幕后很快成为时尚偶像，也因为他们在银幕上穿着李维斯501牛仔裤而使其流行起来。电影媒体不断呈现男装服饰风格的影像，它们不仅反映了时代的基调，也影响了零售商、设计师和消费者的潮流。20世纪80年代初，意大利设计师乔治·阿玛尼在美国电影《美国舞男》中设计了理查德·基尔的银幕服装，他时髦的意大利西装影响了整整一代男性，并在美国确立了自己的地位。20世纪80年代的电视节目《迈阿密风云》捕捉到了这一时期的时代精神，为男性带来解构式夹克和柔和的色调。今天，布拉德·皮特和约翰尼·德普等演员继续以他们的银幕风格和个人风格影响着男装。

时尚偶像：布拉德·皮特

布拉德·皮特凭借在雷德利·斯科特1991年执导的电影《末路狂花》中饰演一个高瘦有型的西部流浪汉获得了大众的广泛认可。布拉德·皮特作为性感的象征，迅速被媒体宣传，而其他男性则渴望模仿他冷静的形象、洒脱的魅力和英俊的外表。随后的多部电影将皮特塑造成现代男性偶像，其多变的外表和着装风格从休闲、运动到更正式、更隆重的场合，使他在当代男装偶像形象中获得一席之地。

媒体

20世纪80年代，*GQ*、*i-D*、*The Face*、*Uomo Vogue*和*Esquire*等时尚生活类杂志重新唤起了人们对男性时装的兴趣。这些出版物对于男装的视角并不局限于本地商场，而是扩展得更高远、更全球化并具有多元的生活方式，从而为男性和女性带来了更广泛的时装理念。这些杂志还通过社论和广告提出阶级、种族、性取向和身型等问题，从而挑战和丰富男性的刻板印象。广告牌对设计师有着特殊的意义，他们在广告宣传中采用备受瞩目的明星，比如最近在乔治·阿玛尼的广告中出演的体育明星和时尚偶像大卫·贝克汉姆。

最近互联网和更复杂的数字移动通信扩大了传统男装媒体渠道的范围和影响力。"真人"街拍博客的发展将这一趋势表现得尤为明显。诸如"Stylesightings"和"The Sartorialist"之类的博客将在21世纪继续重新定义男装和时尚媒体之间的关系。

音乐

音乐在现代男装的演变和发展中占有特殊地位。它有一种特别的功能，可以将多种风格的时装和不同音乐流派融合在一起，代表人物和时尚偶像有披头士、大卫·鲍伊、史努比·狗狗和坎耶·维斯特。自1981年成立MTV以来，音乐也接纳了大众媒体文化，并加强了已成立和新成立的同行合作群体以及重金属、嘻哈等音乐文化。参见本书第40~49页"音乐对反文化服饰的影响"。

◯ 披头士乐队化身广受好评的佩伯军士，穿着色彩鲜艳的迷幻军服

反文化服饰

反文化是对当时主流文化的一种反抗，它带来了社会变革。反文化在其政治、规范、社会信仰、社会结构、文化背景下的着装方式都是不同的。在这里，我们将对各种不同的反文化及它们对男装风尚的影响进行探讨。

阻特装

最早的男性时装亚文化的例子就是20世纪30年代末到40年代的阻特装。这种风格起源于舞厅，一些比较活跃的舞者开始跳吉特巴舞，后由年轻的非洲裔美国人和拉美裔美国人推广开来。这款西装成为少数群体自我决定的象征，是一种宽松的休闲夹克，宽垫肩、大翻领，上衣长过膝。与高腰裤搭配，裤脚非常窄，整个比例都被夸大了。事实上，阻特装有时是运动装，开领衬衫在上衣的领子处展开。而在特殊场合是西装，通常有鲜艳的颜色和条纹，搭配马甲、衬衫和领带，也可选用表链。

◑ 这个镜头也出自《暴风雪》，美国爵士歌手和大乐队主唱凯比·卡洛威身穿阻特装，戴着领结和表链

◐泰迪男孩着装风格经久不衰；这张照片拍摄于1972年，"泰德"在温布利球场举行的伦敦摇滚音乐秀上跳舞
迈克尔·韦伯/赫顿·阿凯夫/ 华盖创意图片库

◐◐设计师和音乐家们给予了固有的泰迪男孩形象新的活力，照片展示的是宝缇嘉A/W10系列

泰迪男孩

20世纪40年代末至50年代初，英国的"泰迪男孩"或称"泰德"（Ted）起源于战后时期的伦敦，受20世纪爱德华时代时髦男子的服饰风格所启发，在工人阶级年轻族群中广为流行。泰迪男孩穿着长款夹克上衣、卷边袖口、马甲和紧身的直筒裤。他们最喜欢的鞋不是布洛克鞋就是绉胶底鞋。泰迪男孩成为英国第一个可定义的青年亚文化，吸引着那些不想穿得同他们父亲一样的年轻人。在音乐方面，他们把自己和美国摇滚乐联系在一起，所谓的反社会行为出现在电影院和舞厅里，很快就在媒体上声名狼藉。泰迪男孩的着装风格却经久不衰，仍受到核心的忠实者追随。

摩斯族和摇滚青年

20世纪60年代，由于帮派争斗和对立的服饰风格，摩斯族和摇滚青年在英国形成了两种截然不同的反文化。摩斯族（Mods）❶喜欢穿着剪裁合身的意大利西装，显现出一种干净得体的时髦风格。上衣翻领一般都很窄，马海毛和双色面料西装，内搭马球衫衬衣、毛衣、修身裤和Winklepickers尖头鞋。摩斯族爱听美国灵魂音乐和牙买加斯卡，并发展出了自己英伦风格的音乐。他们将红色、白色和蓝色的靶式标志戴在派克大衣上或印在韦士伯小轮摩托车上推广使用。摩斯族的竞争对手是那些看起来不整洁的摇滚歌手，他们穿着黑色皮夹克和牛仔裤，骑着重型摩托车。正如他们的名字所述，摇滚青年将他们自己与美国摇滚音乐联系在一起。他们对自己的外貌和仪容不太在意。在20世纪60年代一小段时期里，这两种对立的英国反文化之间的竞争一直是报纸报道的热点，直到公众的兴趣和媒体的关注逐渐消失。

◀在英国，摇滚青年与摩斯族经常发生争执。1964年5月，在英格兰南部海岸的海滨度假胜地引起骚乱后，摩斯族和摇滚青年受到监禁

---

❶这个词源于现代主义者'Modernist'。

光头党

"光头党"是20世纪60年代中期发源于英国的一种青少年反文化。他们的外貌特征是短发或光头，以及他们的标准配备，包括一些特定的品牌，如宾舍曼、布鲁图或Polo衫，搭配吊带和Sta-Prest裤，或搭配窄脚卷边牛仔裤。有时外加一件Crombie风格的上衣和Dr.Martens系带靴或乐福鞋。与异常奇特的嬉皮文化相比，光头党的形象坚定强硬。光头党最初由英国的摩斯族演变而来（见第43页）。如今，光头党在世界各地有不同群体，他们对这种反文化有自己的解读。

哈灵顿夹克

20世纪30年代，英国服装公司Baracuta创立了哈灵顿夹克，即G9。这种经典款式被很多名人所青睐，包括史蒂夫·麦奎因、詹姆斯·迪恩、埃尔维斯·普雷斯利，以及最近的皮特·多赫提和戴蒙·阿尔邦。"哈灵顿"这个名字后来衍生自20世纪60年代的美国电视剧《冷暖人间》中瑞安·奥尼尔所饰角色的名字。短款Blouson夹克的特点是Fraser格纹衬里，前中拉链门襟插肩袖和带纽扣的裹襟式立领。20世纪60年代受摩斯族和光头党所喜爱。哈灵顿夹克独一无二的街头信誉，持续激励着一代又一代。

◑20世纪60年代末，伦敦皮卡迪利大街上的光头党和嬉皮士。与异常奇特的嬉皮文化相比，光头党的形象坚定强硬

嬉皮士

Hippie（嬉皮）最初发源于Hipster（潮人）这个词，20世纪60年代中期很快出现在美国青年运动的年轻人当中。嬉皮士是一群崇尚自由的男性或女性，他们喜欢公社生活和神秘主义，并吸食毒品来增强意识。这种运动传播到欧洲和更远的地方，吸引了各个年龄段的男性和女性。

嬉皮服饰呈现一种崇尚个人自由的波西米亚风格，普遍穿著牛仔裤、定制服、男士留长发、凉鞋、配有手工装饰物的流苏服装，以及有别常规服装的五彩缤纷的视觉效果。尽管"嬉皮"一词随着时间的推移而变得有些嘲弄意味，但使它经久不衰的不仅仅是其服饰风格传统，更是其音乐文化传统，因为它的精神理念是拒绝主流时尚。

华丽摇滚

"华丽摇滚"是20世纪70年代在英国兴起的一种风格,大卫·鲍伊和马克·博兰等艺术家和音乐家将其中性风推向流行。这种装扮刻意夸张、色彩纷呈,男女都穿著厚底鞋或靴子以及连体衣。那时流行明星在舞台和电视上夸张的表演很大程度上推动了华丽摇滚炫耀夺目、富有戏剧性的风格。虽然华丽摇滚的风格并没有延续到80年代,但在其短暂辉煌的过程中解放了男装,打破了时装的种种规范。朋克摇滚到来后,华丽摇滚最终被取代了。

朋克摇滚

Punk rockers(朋克摇滚族),也被称为Punks(朋克族),于20世纪70年代出现在英国和美国,他们的极端形象立刻引起了关注和恶名,其中包括染有各种颜色的怪异的钉子头、身体穿孔、撕破或划破的衣服、印花图案T恤和绷带裤等。霓虹色、动物图案和皮革的组合也体现了朋克风格。与朋克摇滚音乐密切相关的是,反文化接纳性别平等,甚至偶尔玩些跨性别的造型;然而,朋克们强势的形象却让自己成为一种叛逆的男装风格,摒弃了时尚的传统。设计师维维安·韦斯特伍德和马尔科姆·麦克拉伦是"性手枪"乐队的经纪人,他们在伦敦国王大道的商店里出售的早期收藏定义了英国朋克风格。后来的设计师们从朋克运动中得到了灵感,包括让·保罗·高缇耶,他将苏格兰格子裙作为男装的时尚元素。

◐20世纪70年代,T.Rex的主唱马克·博兰塑造了华丽摇滚时代
◑朋克族试图用他们强硬的无政府主义风格来激怒他人
大卫·霍根/赫顿·阿凯夫/ 华盖创意图片库

机车皮夹克

　　黑色机车皮夹克是美国传统的男装经典。虽然现在有很多风格和变体，但 Schott Bros公司1928年推出的黑色双排扣拉链皮夹克，标志着一个经典的瞬间。Schott公司把他们的新夹克称作Perfecto。这种夹克最初是由马皮制成的，很快改由牛皮制成，采用皮带扣、袖口拉链和四合扣来装饰，以保持其耐用性和风格。从一开始，机车皮夹克就代表了自由和冒险，1953年马龙·白兰度在电影《飞车党》中穿着一件Perfecto皮夹克之后更是获得了它标志性的地位。20世纪60年代的摇滚青年和80年代的朋克族身着机车皮夹克，反叛精神继续前进。多年来受人仰慕和模仿，Perfecto机车夹克是真正的经典。

新浪漫主义风格

这种受音乐启发的亚文化在20世纪70年代末出现于英国，主要在艺术学院毕业生中孕育而生，他们热爱大卫·鲍伊和Roxy Music乐队奢华耀眼、有时是性别模糊的舞台风格和音乐。不久以后，这种亚文化从强大的夜店传统发展出了自己的音乐风格。新浪漫主义风格以中性化服装、腰带和褶边为特征；男性化着显眼的妆容，额发上翘，这种发型在20世纪80年代非常流行。虽然夜店场景有其自身的风格和表现，但最终成为自身排他性的受害者，因为这限制了该风格持久的吸引力。如今，新浪漫主义与20世纪80年代初期男装华丽矫饰的时代有着强烈的关联。

🔼 新浪漫主义场景主要来自伦敦的夜店Billy's，20世纪70年代末大卫·鲍伊和Roxy Music 乐队曾在这里开过夜场

◖ 说唱三人组Run-DMC乐队是20世纪80年代早期的嘻哈风格的代表，他们穿着运动服、水桶帽、黄金首饰和运动鞋

嘻哈文化

嘻哈文化发源于20世纪70年代美国非裔和拉美裔青年社区。通过对街头风格的吸引和不断发展的音乐文化，在接下来的几十年里逐渐成熟，吸引了大批忠诚和奉献的追随者。早期的嘻哈风格与街头艺术、涂鸦和都市音乐有着原始的联系，服饰特点是超大号的飞行夹克、布袋牛仔裤、涂鸦印花的T恤和汗衫。

嘻哈风男装在21世纪初开始容纳不同的风格。包括古驰和路易威登在内的设计品牌增加了个性化，通常是奢华的珠宝。风格是嘻哈文化的一个重要组成部分，并演化出了自己的设计品牌，如Phat Farm，Sean John和Rocawear。与其他亚文化不同的是，嘻哈继续重新定义自己，而不影响其意义或价值。

遗产研究（Heritaqe Research）

遗产研究的创立者是谁?

遗产研究是由我自己(拉斯·盖特)和丹尼尔·萨沃里创立并担任设计。我们每一个季节都要为品牌创造概念，从面料和饰品中寻找灵感，研究并重新设计服装。这些纸样由一位前萨维尔街的裁缝师裁剪制作，他在20世纪50年代就开始接受锤炼，那可是定制的黄金时代! 这些服装再由一小队经验丰富的手工艺人进行装配。

品牌所代表的是什么?

我们在2008年创立了遗产研究（HR），算是对许多牌子过度品牌化和外观单一化的一种反抗。它开始是一个附带项目，目的是创建一个整体设计的小品牌，通过挑选的店铺提供差不多全定制的成衣。我们想要创造出适度参考历史原设计的服饰，不仅是在美学方面，也在剪裁、面料和结构方面;不过我们也认为必须适应现代服装，与现代风格搭配。我们很早以前就决定，HR不会有商标或标志，纯粹是关于服装的。

您从哪里获取灵感？

很多想法都是基于我们自己的作品。参考一些过去的服装，比如海军炮兵夹克(基于美国内战时期的一种休闲夹克)从书籍、旧照片或博物馆中汲取灵感比较难。我们的服装系列往往没有单一的主题，所以我们可以从不同的时代和风格中挑选。

过去许多服装纯粹的功能性总是让我们感到惊讶。它们在必要时诞生，是为特定目的而设计的——在不利的、具有挑战性的条件下使用可以获得的材料来发挥功能和提供保护。特别有趣的是，在家里穿的服装，比如狩猎夹克或工作衬衫，改装后可以让人们更好地工作。很明显，在第二次世界大战期间人们推动了新面料的出现。例如，文泰尔，并且服装是根据需要的功能制作，有些实在太棒了，它们至今仍在使用。

卢·道尔顿（Lou Dalton）

请简单概括一下您目前的工作和职业道路。

我是卢·道尔顿（Lou Dalton）男装的创意总监。16岁离开学校后，我成为一名全定制裁缝师的学徒。有了三年的成功经验之后，我意识到，要实现我成为男装设计师的长期抱负，我需要重新回到学校接受教育。我学习了服装设计，然后申请了皇家艺术学院（RCA）进修男装设计的硕士学位。1998年，从RCA毕业后，我搬到了意大利，为博洛尼亚一家名为Alexandro Pungett的设计工作室工作，这家工作室为意大利多家设计公司设计了系列产品；我个人为Stone Island、Crucianni Knitwear和Iceberg的服装系列做设计。

一年后我回到伦敦，为各种设计公司工作。早在2005年，我就开始尝试创作自己的男装系列。卢·道尔顿在2008年末取得了成果，从此变得越来越强大，得到了媒体、英国时装协会，最重要的是，零售商的大力支持。

您的灵感来自哪里?

像大多数设计师一样，灵感来自任何地方。可能来自一本书、一个展览、一次度假，一个古董发现。A/W 10系列是受天空岛一个家庭节日的启发。我完全被这个地方吸引了，这个地方太令人振奋了。最近的S/S 11系列的灵感来自于游牧式的生活方式，以及《呼啸山庄》里希斯克利夫动荡的生活，他最初是一个街头流浪儿……

您怎样打造出一个新系列?

对于男装来说，并不意味着每季都要重新设计，你会对你的客户想要的东西有一种感觉。我试着让每季之间有一些联系，即使有时候有些模糊。我主要考虑的是，它是否相关? 必须要有一些商业性，系列里每一件作品的重要性都要同时能独立于系列之外。每一季新选的面料和纱线都有助于打造一个新的系列，而不必重新设计之前一款很棒的裤子。提供一些新的东西来让你获得客户的支持是很重要的。

如果人们在大街上**扭头看着你，**

那么说明你**没有体面地穿着。**

博·布鲁梅尔

2

介绍了广泛的历史传统对男装发展的影响后，这一章讲述定制男装独有的特点。对更加正式的男装礼仪，包括男裤、衬衫、领饰和鞋子的现代演变都将进行详细的考查。在不同国家特色和国际卓越中心的背景下对比不同的全定制服务是非常有趣的，在英国、意大利和美国，还有针对著名定制店铺和服装公司的研究部门。

现代男士西服的起源可以追溯到17世纪中期，当时男士穿著教士服。这种合身、加长的新款搭配一件配套的马甲（Waistcoat）(在美国被称为Vest)，受到英王查尔斯二世的热爱。著名的日记作者塞缪尔·佩皮斯在1666年10月8日写道，"国王昨天在议会上宣布，他决议设定一种他将永不会改变的服装时尚……"

佩皮斯继续提到，从波斯衍生而来的东方服饰可能是由大使从波斯和中东引入欧洲宫廷的，历史学家认为这种东方服饰是教士服款式的基础。查尔斯王在公开宣布从固有的男装风格中脱离出来时，他也宣布了从法国国王路易十四所设定的法国宫廷风格中独立出来。然而，法国国王也几乎同时采用了这种新型的教士服款式，在短短几年之内，这种新外套得到了广泛的认可。

🌣1771年维德上尉的画像，他身穿一件时髦的上衣，搭配装饰性的长马甲和紧身及膝马裤

❏ 1904年，一名英国男士身穿一套三件式休闲西装，戴着圆顶礼帽，饰有挺括的衬衫领子和领结

教士服

教士服标志着紧身上衣的消亡，更重要的是，它为男装建立了新的比例，从肩部到下摆裁剪成一段，再配上长马甲和马裤。蕾丝领结和系带的领饰有了新的重要性。紧随其后的是这种三件式服装的一系列变化，英国和法国竞相争夺风格上的霸权地位，就同两国争夺其政治和领土势力一样。

改编的教士服款式演变成了各式各样的上衣。马尾衬布被用作夹层，以增加对不断变化的剪裁廓型的支撑。前门襟下摆处被裁掉的上衣得以改进，并引入了立翻领的样式。之所以这样命名是因为领子从领座翻过来而得名。马甲变得更短，紧身的及膝马裤和马靴搭配，显得很时尚。英国在19世纪早期由博·布鲁梅尔改变了骑马的习惯(见第64页)。

到了19世纪早期，上衣、马甲和裤子的组合成为了男性穿衣风格的基础。面料根据不同的场合或时间而变化，上衣和裤子用同一面料时称其为"西服"，就像今天一样。

○ 在萨维尔街制作一套全定制西服至少需要50小时的手工以及一系列试衣

全定制西服

Bespoke（全定制西服）是一个英语词汇，衍生于bespeak的过去时态，意思是提前预定某事物；现在被用来描述定制的服装。全定制服根据客户的个人身型量身制作，与高水平的手工艺和服务相结合。

萨维尔街定制协会对其全定制的定义是：满足顾客不同身型要求的，在萨维尔街或在萨维尔街附近全定制的西服。全定制西装由个人裁剪，由技艺高超的工匠制作，使用专门为顾客量身定制的纸样。在最精致的男装传统中，萨维尔街的全定制服可以与法国高级定制服相媲美：法国高定根据法国高级时装公会的规定定制女装。了解更多关于萨维尔街的内容，请参阅第68页。

斜纹软呢外套

斜纹软呢外套通常有两到三颗扣的单排扣前襟、带盖口袋以及中后背开叉，有点像骑马服，有时还会有皮革纽扣和肘部补丁，常使人联想到英式乡村风格。一些美国和欧洲大陆人喜欢侧后边开叉和稍微宽松一点的结构。斜纹软呢外套标志着传统与连续性相结合，同时运用广泛的布料款式，包括哈里斯斜纹软呢、多尼盖尔斜纹软呢、人字斜纹软呢、犬牙花纹图案和黑白格子布，以适应不同的个人风格、场合和品位。

单排扣运动上衣

单排扣运动上衣是从19世纪的英国划船俱乐部发展而来的。最流行的是带黄铜或珐琅纽扣的藏青色款式，也有俱乐部条纹和明亮的色彩、用斜纹棉布和麻料制作，有时镶有穗带，并带有补丁口袋。这种款式在美国作为一种预科生风格广受欢迎，男装设计师也会选用这种款式并在胸部外口袋上添加一枚徽章。藏青色上衣和灰色法兰绒裤的经典组合标志着一种冷静的运动装风格。

∞∞人字纹呢
◐格兰格呢/苏格兰格呢

∞∞萨克森毛呢
◐多尼盖尔粗花呢

∞∞塔特舍尔格呢
◐设特兰粗花呢

◖◗犬牙纹呢
◖切维奥特呢

◖◗纯羊毛呢
◖鸟眼花呢

◖◗威尔士亲王格呢
◖羊毛法兰绒

萨托里主义者

男装的发展包含对一些著名人物和男性团体突出服饰和行为风格的借鉴参考。其中最重要的是纨绔子弟与花花公子。

花花公子（*Dandy*）

花花公子作为一个世俗的定义，通常用来描述对自己的外表非常在意和自豪的男性，而且他们能说会道、妙语如珠。尽管"花花公子"在英国（17世纪中叶）复辟时期就已经存在了，但"花花公子"这个词到了18世纪才成为英语集合名词。乔治·布鲁梅尔、奥斯卡·王尔德和罗伯特·德·孟德斯鸠是那个时代最著名的花花公子。当代的花花公子们穿着考究的定制服，自豪地延续着定制服饰长久以来的个性传统。

萨普洱（*Sapeurs*）

在花花公子的最佳传统中，萨普洱（Sapeurs）成为一种当代现象。Sapeur这个名字来自于SAPE，是Societe des Ambianceurs et Persons Elegants的首字母缩略词。起源于中非刚果共和国，尤其是首都布拉柴维尔的部分地区，并可以追溯到20世纪20年代和30年代，当时刚果是法国的殖民地。在此期间，一大批刚果的中坚分子来到巴黎体验法国首都的时尚优雅，并挑选了些他们极为看中的西装和夹克回到刚果。萨普洱偏爱醒目的颜色和简洁的剪裁，并推崇最高档的法国和欧洲设计品牌，所谓的"对布的崇拜"是他们的信条。除了强调个人风格之外，萨普洱还颇受当地群体尊重，并自认为是艺术家。

◐ 本着真正的花花公子的精神，萨普洱的服装经过细心挑选，每天精心修饰，讲究细节

时尚偶像：博·布鲁梅尔

乔治·布莱恩·布鲁梅尔，又名博·布鲁梅尔，是男装（尤其是定制服）发展史中最著名的人物之一。

动荡的法国大革命之后，在19世纪最初几十年里英国男装风格的普及度和影响力与日俱增。与此同时在英国，博·布鲁梅尔作为时尚仲裁者，以其品味和精致取得了优势地位。布鲁梅尔在有影响力的圈子里活动，并得到了摄政王，即未来的英国国王乔治四世的青睐。在他与布鲁梅尔来往之前，摄政王以他浮夸的风格而闻名。然而，未来国王的奢华衣着品位得以缓和，也普遍归功于布鲁梅尔。摄政王的认可意味着英国贵族们很快就采用了更为庄重的着装风格。鲜艳的颜色、装饰性的标志和高跟鞋很快就过时了。

布鲁梅尔最大的天赋是他重新设计了现有的款式和搭配，而不是引进全新的服装。他改编了英国的乡村风格，比如男人骑行的习惯，并把他们从红色改成海军蓝或黑色，把比例改得更精确使他们看起来和城市服装有着新的联系。他还推广穿着长裤，而不是及膝马裤，并极为注重领饰。

布鲁梅尔在男装的发展史和未来走向方面留下了不朽的遗产。今天，在伦敦杰明街这个以其汇集的优良男装企业而闻名的时尚区域，布鲁梅尔的雕像傲然矗立，让人永远铭记。

纨绔子弟（*Macaroni*）

源于形容"粗鲁的傻瓜"的一个意大利单词,Macaroni（纨绔子弟）在18世纪的英国用于嘲弄男性的穿着和行为做作，其浮夸和奢华超出可接受的标准。纨绔子弟在外表上引人注目，为这段时期的讽刺漫画提供了丰富的内容，但不公平的是，他们作为花花公子的继承者而被提及，尽管这两个群体和定义是截然不同的。

时尚偶像：拉塞尔·布兰德

被一些人形容为现代的花花公子，这位特立独行、多才多艺的的英国喜剧演员、电影演员拉塞尔·布兰德通过他华丽的媒体形象和自由自在的个人形象塑造了自己的风格。他非传统的，并具有波希米亚风格的穿着，使他成为名人时尚博客的常客。

英式定制服

英式定制服在19世纪早期就以"英国风味"（le style Anglais）或"英式外观"独立存在了。与此同时，英国通过扩大贸易和工业革命的势头，在经济上取得了优势。在19世纪和20世纪初，人们普遍通过男装的剪裁、版型、细节和风格来传达男性的社会地位和阶层。因此，英国西装形成了一种经久不衰的形式，通过严格的剪裁、版型和制作，使其有别于意大利或美国同行。

传统英式西装的腰身略高；高而贴身的袖孔和长开衩，使得上衣的尾部文雅的落于髋部。这种所谓的"沙漏"式剪裁，很大程度上归功于英国人的骑行习惯和军装夹克的历史发展。它强调笔直、优美的站姿是衡量一个人性格的重要指标。正式的英式西服往往能衬托瘦高的男性，他们更有可能被认为是绅士或军官阶层。西裤臀位高，相对靠近腿部。背带比腰带更受欢迎，它可以拉长躯干，而高裤腰会给人留下腿长的印象。

19世纪，伦敦许多裁缝师组织创立公司，以满足日益增长的都市商人的服饰需求，就这样英国萨维尔街成立了专业的定制服饰协会。

契斯特菲尔德（Chesterfield）

这种最初在19世纪绅士穿着的轻便上衣，契斯特菲尔德（Chesterfield）保留了其一定形式使之适合与西装搭配。单排扣款式，隐藏的纽扣门襟，最常见的是灰色、蓝色或黑色的人字形图案，有时还饰有天鹅绒的领子。

⊙ 自1970年在英格兰诺丁汉开设第一家店铺以来，保罗·史密斯爵士就成为了英国杰出的设计师，尤其以男装系列闻名。作为一名设计师，他的国际声誉主要集中为一种典型的英式风格，这种风格融入了一种幽默感，通常运用多条纹的装饰和色彩丰富的细节，但始终向经典的英式定制服致敬。

▶ 萨维尔街标志性的伦敦街道标志，这里是男装全定制中心

萨维尔街（Savile Row）

萨维尔街是伦敦梅菲尔区的一条街道，它已成为英国最好的裁缝师汇聚之地(这里也是披头士乐队在伦敦总部最后一场演出的地点)。萨维尔街首先是英式服装的堡垒，代表最高标准的质量和服务；其独特的剪裁传统已经超过200年了。

根据萨维尔定制服协会的规定，萨维尔全定制店铺应该：

- 由资深裁剪师裁剪单独的纸样
- 由资深裁剪师亲自监督制作
- 裁剪师和裁缝师都必须接受培训以符合萨维尔街严格的标准
- 通常全手工制作一件两件套的西服——至少要花费50个小时的手工
- 店铺内提供专业的布料顾问
- 为顾客提供至少2000种布料选择，其中可能包括一系列的专用布料
- 保留完整的顾客记录和订单细节
- 提供一流的售后服务，包括海绵、熨烫、修补和纽扣匹配

从萨维尔街订购一套全定制西装曾经是一件非常独特的事情，需要一位现有客户正式介绍去一家定制服装店。虽然这些正式的礼仪在过去几年里已经放宽了，萨维尔街严格的标准仍然完整无缺地保留了下来，是品质的保证。西装必须包括以下特点：

- 手工裁剪缝合垫肩和帆布
- 将领面的缝纫点位手工画在贴边上
- 门襟止口和开衩口用刺点针迹手工缝制
- 手工缝接袖子
- 正面和袖口的纽扣用十字交叉缝法手工缝制
- 所有的衬里都用手工折缝
- 袖口不用胶衬，手工缝边
- 正面的口袋手工压线缝合
- 袖口开缝并手工缝制钮孔
- 倾斜胸部口袋，手工缝边

每个部位的缝线留有3英寸余布

"唯一行为理智的是我的裁缝；他每次见到我都要把我的尺寸重新测量一番，而其他的人老抱着旧尺码不放，还期望能适合我。"

乔治·萧伯纳

萨维尔街全定制西装都是根据每位顾客的身型，由萨维尔街训练有素的裁缝师量体裁衣后在定制服装店纯手工制作。整个过程需要用时4~12周制成。如今，大多数萨维尔街定制服装店也提供个性化的定制服务和成衣系列，并出售男士配饰。

尽管如今男装设计品牌越来越多，但萨维尔街不仅在经济动荡的时代幸存下来，还得到新客户的支持和青睐，他们重视萨维尔街所代表的独特主张。接下来我们将介绍萨维尔街几大名店。

◐ 安德森与谢泼德（Anderson & Sheppard）品牌自1906年以来通过其全定制服务一直遵循萨维尔街的剪裁传统

理查德·安德森(Richard Anderson)

理查德·安德森和布莱恩·利什克是萨维尔街这个备受尊敬的全定制服装店的联合创始人。两位大师都曾在萨维尔街工作多年，直到2001年才结合他们的才干将品牌建立起来。理查德·安德森以萨维尔街传统的剪裁方法使用最好的布料，采用高袖窿设计，打造出优雅的线条，勾勒出修长身型。

安德森与谢泼德(Anderson & Sheppard)

据说这个低调的定制服装店为查尔斯王子量身定做服装，没有品牌连锁，也不提供成衣系列。许多人认为Anderson&Sheppard象征着萨维尔街的神秘和魅力。其款型特点是垫肩较薄、垂感好、腰部收紧。所有驳领都是手工定型，接缝保持最小间隙，以彰显服装的精致。

奥斯华·宝顿(Ozwald Boateng)

Ozwald Boateng以其现代、鲜艳的萨维尔风格而闻名。其利落、有型的剪裁和对细节的关注赢得时尚界、媒体和名人的青睐。Boateng的男装视角具有国际性，这在一定程度上反映了他的加纳传统。在意大利米兰他举行了他的"bespoke-couture"系列发布会。

切斯特·巴雷(Chester Barrie)

从1937年起，Chester Barrie就开始销售经典的英式手工定制西服，在英国北部小镇克鲁郡有一家制作厂，并在萨维尔街开设了一个作坊。该公司通过将熟练的机器操作与手工剪裁技术相结合，获得了优良品质和工艺精湛的美誉。Chester Barrie特别主张用传统的英式裁剪方法制作高质量的成衣。1981年，萨维尔街定制服装店H Huntsman(见第72页)从Chester Barrie订购了他们的第一批成衣。

Dege & Skinner

这家著名的定制服装店成立于1865年，代表了萨维尔街最优秀的传统工艺，与英国王室、阿曼的苏丹和巴林国王有着密切的联系。其款型特点是长腰身外套，肩部倾斜，体现了该店的军事剪裁技术：签约于英国皇家骑乘兵团和卫兵大队，为军官提供制服制作。

Ede & Ravenscroft

Ede&Ravenscroft成立于1689年，是伦敦最古老的定制服装店，也被认为是世界上最古老的定制服装店。与英国皇室建立了长期的联系，并为教会、政府、法律行业以及学术界提供定制服务。

君皇仕(Gieves & Hawkes)

Gieves&Hawkes自1786年开始营业，其享有盛名的旗舰店位于萨维尔街1号。早期的客户包括海军上将纳尔逊和威灵顿公爵。今天，该公司继续提供顶级全定制服务以及灵活的成衣服务，并提供一系列附加服务选择。该公司的定制裁缝师提供高质量的量身试穿服务，以满足客户的个性化需求。

H Huntsman & Sons

H Huntsman&Sons成立于1849年，擅长制作狩猎装和骑马装；以合身收腰的外套而闻名。Huntsman所有的定制服都是手工制作，并以其一丝不苟的细节而著称。

理查德·詹姆斯(Richard James)

自从理查德·詹姆斯和商业伙伴肖恩·迪克森1992年在萨维尔街开始经营以来，除了提供定制服务外，还采用了一种完全现代的方式量体裁衣，并提供男性配饰。该品牌标志性长腰身设计、修长的廓型和现代感的色彩运用吸引了众多的仰慕者，并吸引了新一代的男装客户。他们还在东京开设了一家独立店铺，并在公司萨维尔街原有门店对面增设了理查德·詹姆斯定制店。

Kilgour

自1882年在萨维尔街宣布成立以来，Kilgour就因其剪裁工艺而声名鹊起。好莱坞的一些名流，如路易斯·B.迈耶和卡里·格兰特都是其忠实的主顾。Kilgour的风格和其标志性单扣外套非常适合卡里·格兰特的优雅身型。如今，该公司继续提供定制和成衣系列，并提供全套的改装服务，这成为了公司的定制文化。

◐ 当代单扣天鹅绒西服上衣和修长的双扣蓝色条纹夏季棉外套，均由理查德·詹姆斯(Richard James)设计

诺顿父子（Norton&Sons）

1821年，由沃尔特·诺顿(Walter Norton)创立，这家为伦敦金融城的绅士们提供定制的服装店在19世纪迅速成长，19世纪60年代搬迁至萨维尔街。其经典的剪裁缝制技术和适于海外旅行的轻巧布料很快使得它在行业里脱颖而出。其服装风格也很广泛，包括休闲西装、晚宴服、晨礼服、短上衣和户外夹克。

亨利·普尔（Henry Poole）

亨利·普尔的定制服装店成立于1806，于1846年迁至萨维尔街，客户包括皇帝拿破仑三世、查尔斯·狄更斯和爱德华七世等。Henry Poole在维多利亚女王的授权下，重新开放了制服部，为马夫和男仆制作服装，并为高级行政长官制作礼服。

时尚偶像：米克·贾格尔

音乐家、作家和传奇歌手米克·贾格尔凭借自己的滚石乐队获得了漫长的职业生涯。作为乐队的主唱，他的风格经常被媒体报道。他外表叛逆、双性恋，对服装很有鉴赏力。他更喜欢萨维尔街那些更有个性的裁缝师，比如汤米·纳特(Tommy Nutter)的首席裁剪师爱德华·塞克斯顿(Edward Sexton)，他曾在1971年为米克与比安卡·贾格尔的婚礼做过一款三件套西服；还有一些现代裁缝师，比如奥兹瓦尔德·博阿滕(Ozwald Boateng)和理查德·詹姆斯(Richard James)。

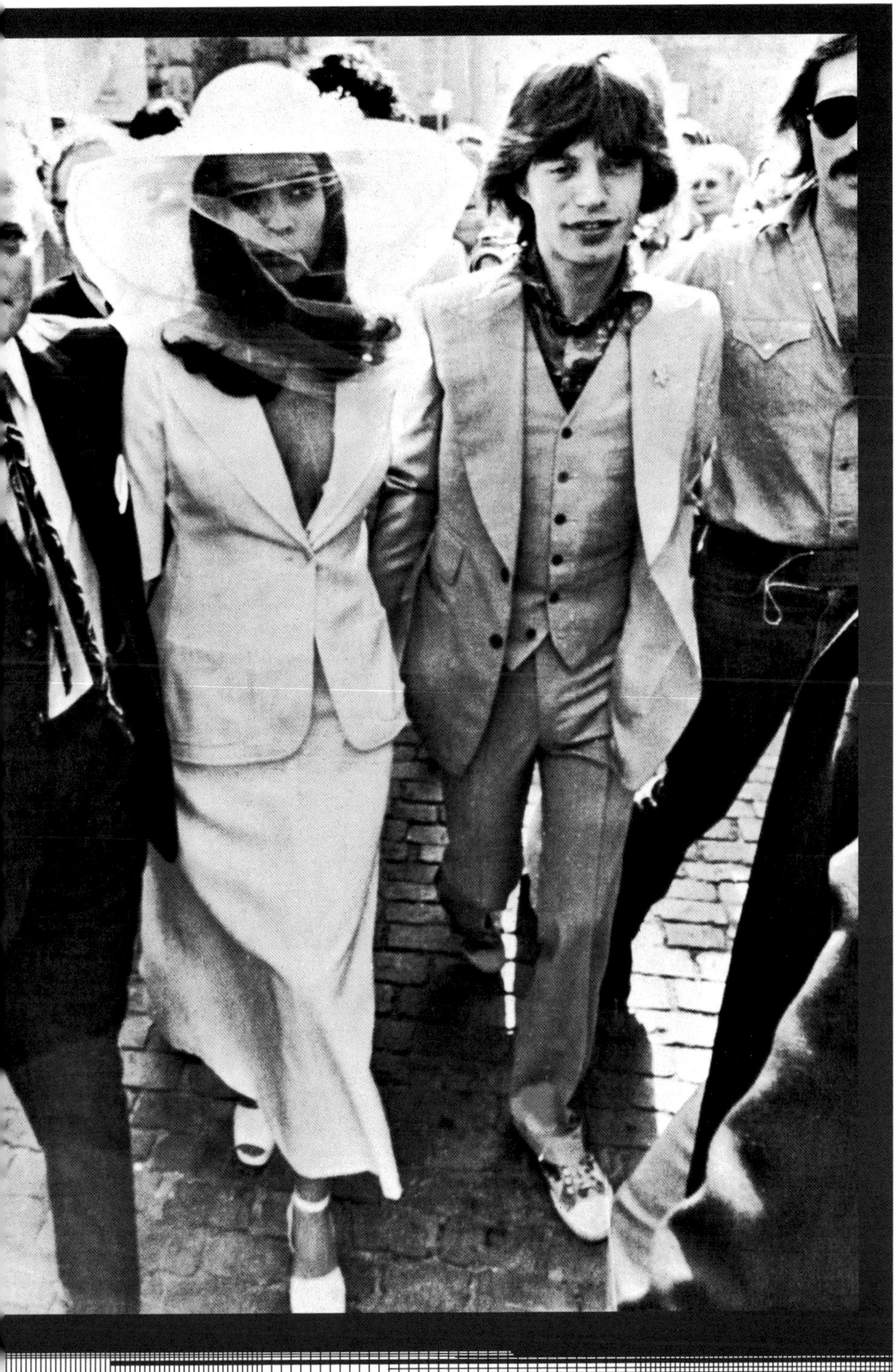

　　意人利凭借其经牟累月的技术和工艺在欧洲男装的演化和发展中有着独特的地位。19世纪意大利的统一显露出意大利服装制造商的地域差异。即使在文艺复兴时期，意大利各个国家也因缺乏皇室结构而闻名。以个人展示和区域个性为理念，意大利男人对服饰的观点是，无论什么阶层，每一个人有权利打扮自己。

　　意大利西装制造商以其精致和轻巧的触感而闻名，与萨维尔街的传统不同，他们使用轻质的面料和衬里，将其与优雅相媲美。与传统的英国纺织品相比，色彩也更明亮、轻快，这不仅反映了意大利温和的天气气候，也反映了意大利男人对穿著西装的态度——标志着对于个人财富或阶级的品味和生活方式。费里尼1960年的电影《甜蜜的生活》(La Dolce Vita)将这种态度塑造成了一种形象，并确保了意大利作为高级男装定制中心在战后的复兴。

　　如今，意大利享誉世界的西装制造商可以大致分为定制服装店和其设计品牌。凭借本国的劳动技术和剪裁传统，意大利西服具有季节性并且品质优良。以下介绍几个著名品牌。

◐ 意大利男演员马塞洛·马斯楚安尼
(Marcello Mastroianni)自信的着装表现
出一种独特的意式风格——就像费里尼
的经典电影《甜蜜的生活》中所看到的
那样

布里奥尼（*Brioni*）

布甲奥尼是意大利最具特色的定制服装店之一，总部设在罗马。这家男士服装店成立于1945年，其宗旨是通过配备熟练的剪裁师和烫衣师建立自己的手工作坊和制造部门提供定制服务，从而区别于萨维尔街并与意大利的其他定制服装店竞争。随着Brioni名声的传播，越来越多的名人，包括约翰·韦恩，加里·库柏，亨利·方达和西德尼·波蒂埃，都成为其客户。如今，布里奥尼在世界各地销售成衣和定制西服，支撑起意大利卓越剪裁工艺的声誉。

Kiton

Kiton以其悠久的那不勒斯剪裁传统而自豪，显示出典范式的剪裁和款型。这家受人尊敬的定制服装店采用精致、超轻的面料，可以定制也可以制成成衣。柔和圆润的肩部是Kiton西装的一个特点。

卡勒塞尼（*Caraceni*）

卡勒塞尼由多梅尼科·卡拉克尼(Domenico Caraceni)于1913年在罗马创建。后来其业务扩展到了米兰和巴黎。该定制服装店的"工作台定制"西装赢得了全球客户的敬仰，愿为其手工裁剪和量身定制的个性化款式支付溢价。Caraceni的客户包括著名的卡里·格兰特(Cary Grant)、亨弗莱·鲍嘉(Humphrey Bogart)和法国时装设计师伊夫·圣罗兰(Yves St Laurent)。

Belvest

威尼斯定制品牌Belvest秉承了精湛的品质、工艺和创意传统，通过其当代的季节性时装系列，展示出"意大利制造"的魅力。该公司将最高标准的面料和制造工艺与手工流程结合在一起，从一开始，创始人奥尔多·尼科莱托(Aldo Nicoletto)就旨在提供最好的成衣和定制服。

杰尼亚（Zegna）

该意大利品牌成立于1910年，很快就因其细羊毛西装而声名鹊起。随着业务的增长和多样化，杰尼亚与包括古驰和伊夫圣罗兰在内的国际奢侈品牌进行合作。杰尼亚是超细美利奴羊毛的最大买家之一，并持续投资于纺织技术。

阿玛尼（Armani）

意大利时装设计师乔治·阿玛尼(Giorgio Armani)在男装的历史和演变中值得特别提及。他在20世纪80年代彻底改造了流行的剪裁方式，去掉多余的重量和衬垫，形成大家所熟知的解构式外套。简洁的剪裁线条和精致的面料选择是他标志性的风格，这也影响了他的女装系列。阿玛尼品牌赢得了世界各地媒体和客户的尊重和忠诚，并体现了意大利男装的优良传统。

◐ 乔治·阿玛尼通过巧妙的面料组合和柔和的剪裁，体现了当代意大利男装的风格

美式定制服

美式定制服是由多种因素共同决定的，随着时间的推移，这些因素使其演变出了自己独特的个性。移民来到美洲的欧洲人给纽约和芝加哥等城市中心带来了裁剪技巧和相关工艺。由于缺乏替代品，欧洲的男装款式在早期的时尚出版物中得到广泛推广，并在19世纪和20世纪初进行复制生产。标准化的模式和规模体系的引入，正好与裁缝业从手工生产系统向机械化的成衣制造业转变的过程相适应。为了应对快速增长的美国经济中的供需关系，新批量生产的男装通过越来越多的连锁零售商和男装店（如布鲁克斯兄弟公司）销售给接受力强的美国大众。

20世纪20年代以来，好莱坞电影的影响同样也很重要。像克拉克·盖博、加里·库柏和弗雷德·阿斯泰尔这样的新兴银幕偶像吸引了一批忠实观众并开创了一种时尚潮流，这有助于形成美式定制服风格。这些关键形象通过美国庞大的零售商店以成衣样式进行复制和销售。

"预科生"(preppy)是美式定制服的一个独特风格，体现了对传统、教育、阶级或家庭关系的尊重。尽管对美式定制服早期的发展形成了一系列的影响，但美式感觉却在今天才显露出来。以下将叙述美式定制服历史中的一些著名品牌。

⬥ 一款1939年的美式双排扣套装，带垫衬的宽大双肩和全剪裁的卷边裤装
◗ 纽约街上的美式嬉皮风格

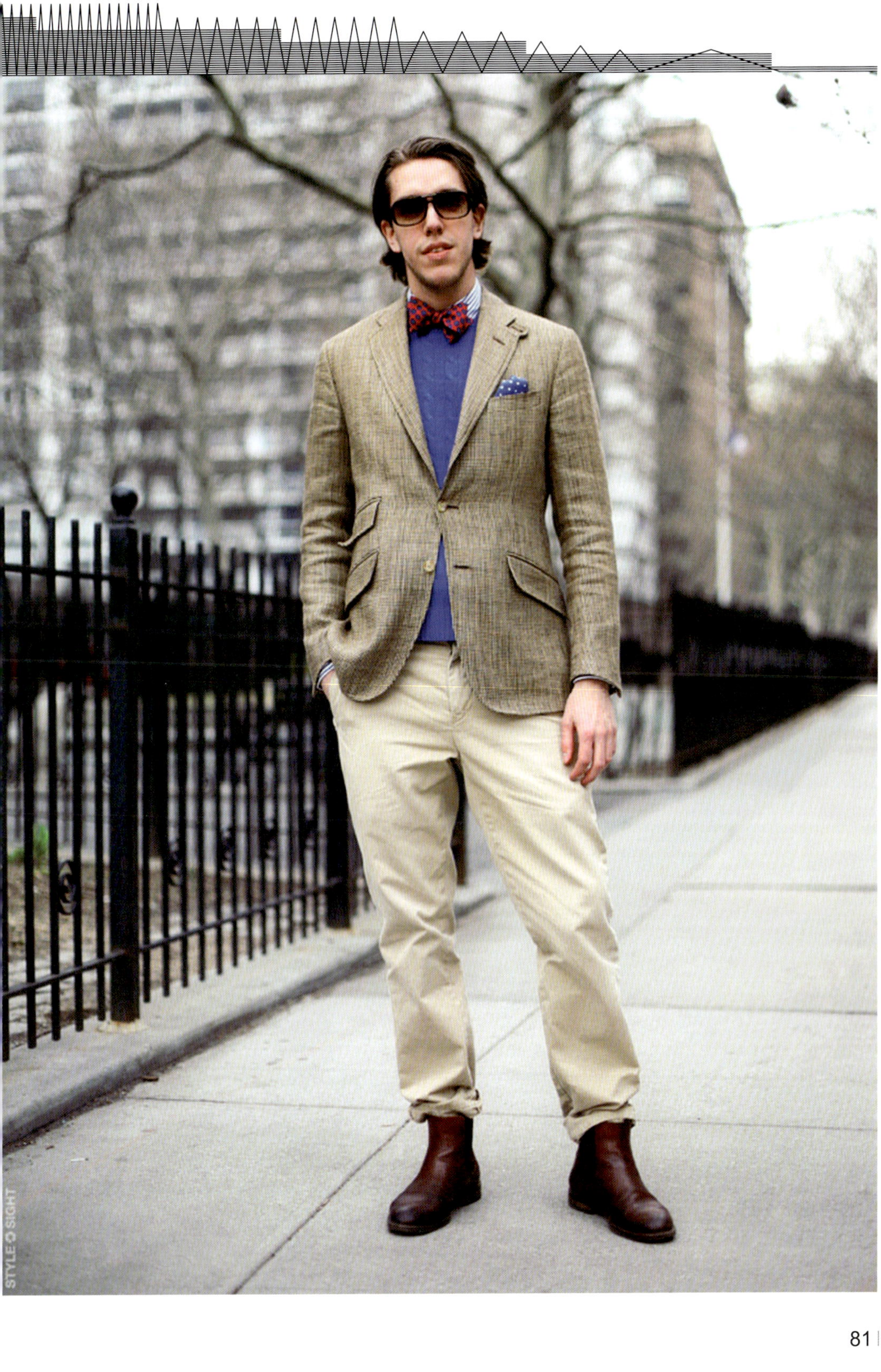
STYLE SIGHT

加里·格兰特是好莱坞的传奇人物和男装风格的象征。他出生于英国，后来搬到美国。他对服装很感兴趣，常在定制服装店定制服装，包括萨维尔街的Kilgour和French & Stansbury。无论是在银幕上还是在银幕下，都展示出强烈的个人风格。他成功地设计了一种英美式，包含了英式服装风格，但以一种更加美国化的轻松态度呈现。

布克兄弟（*Brooks Brothers*）

布克兄弟成立于1818年，是美国最古老的男装连锁店。其定制服结合了欧式感性和美式轻松。经典的布克兄弟套装改编自两扣或三扣式休闲夹克，带有天然的肩线，中后部开衩，裤子臀位高，带有或没有前褶，并配有背带(在美国被称为吊裤带)。

典型的面料包括深蓝色和灰色的细条纹，细绒法兰绒，人字纹和威尔士王子方格。重量根据季节而变化，包括适合夏天的轻质面料，如丝质混合面料和细条纹棉质泡泡纱。

布克兄弟的男性客户包括克拉克·盖博和安迪·沃霍尔，以及数位美国总统，从亚伯拉罕·林肯到比尔·克林顿和巴拉克·奥巴马。最近，颇具影响力的"广告狂人"系列受到顾客的簇拥，纷纷涌向布克兄弟，要求为他们量身定制男装。

○ 美国服装店布克兄弟受委托制作一些适合获奖电视剧《广告狂人》(*Mad Man*)的套装

拉尔夫·劳伦（*Ralph Lauren*）

拉尔夫·劳伦是美式风格的代名词。可以说，这位美国设计师比其他任何设计师都更能提升当代美式定制服的认知和声誉。该品牌的吸引力来自于其展示的生活方式形象源自历史传统且精致优雅，让人梦寐以求。

其紫色标志产品于1994年推出，代表拉尔夫·劳伦最高品质男士服装系列，融合了传统英式风格的元素。该系列结合了欧洲最好的裁缝师的专业技能和工艺，以及精选的欧洲工厂提供的优质限量版面料，打造了其始终如一的美学成就，持续重新定义着经典的美式风格。该公司于2005年推出的黑色标志系列，增加了一款以现代美式态度诠释的意式剪裁的西装和运动夹克。

拉尔夫·劳伦男装舒适，面料垂感好，具有美式特征。其裁剪风格包括袖孔高，适于更大幅度的运动；倾斜的肩部衬垫较薄，以补充自然的线型。

时尚偶像：史蒂夫·麦奎因

酷炫的好莱坞明星史蒂夫·麦奎因是一个真正的时尚偶像，是男装设计师和造型师的灵感来源。他帅气的形象和轻松自如的外表激起人们对他的服饰风格竞相模仿并推出以其名字为主题的商品。他独特的魅力既有一种如1971年的电影《极速狂飙》(*Le Mans*)那样的赛车风格，也有他自己服装风格，正如他在1968年的电影《龙凤斗智》(*the Thomas Crown Affair*)角色中穿着的一套剪裁考究的三件套西服。尽管也可能是因为麦奎因英年早逝，他仍然是男装的标志性影响。

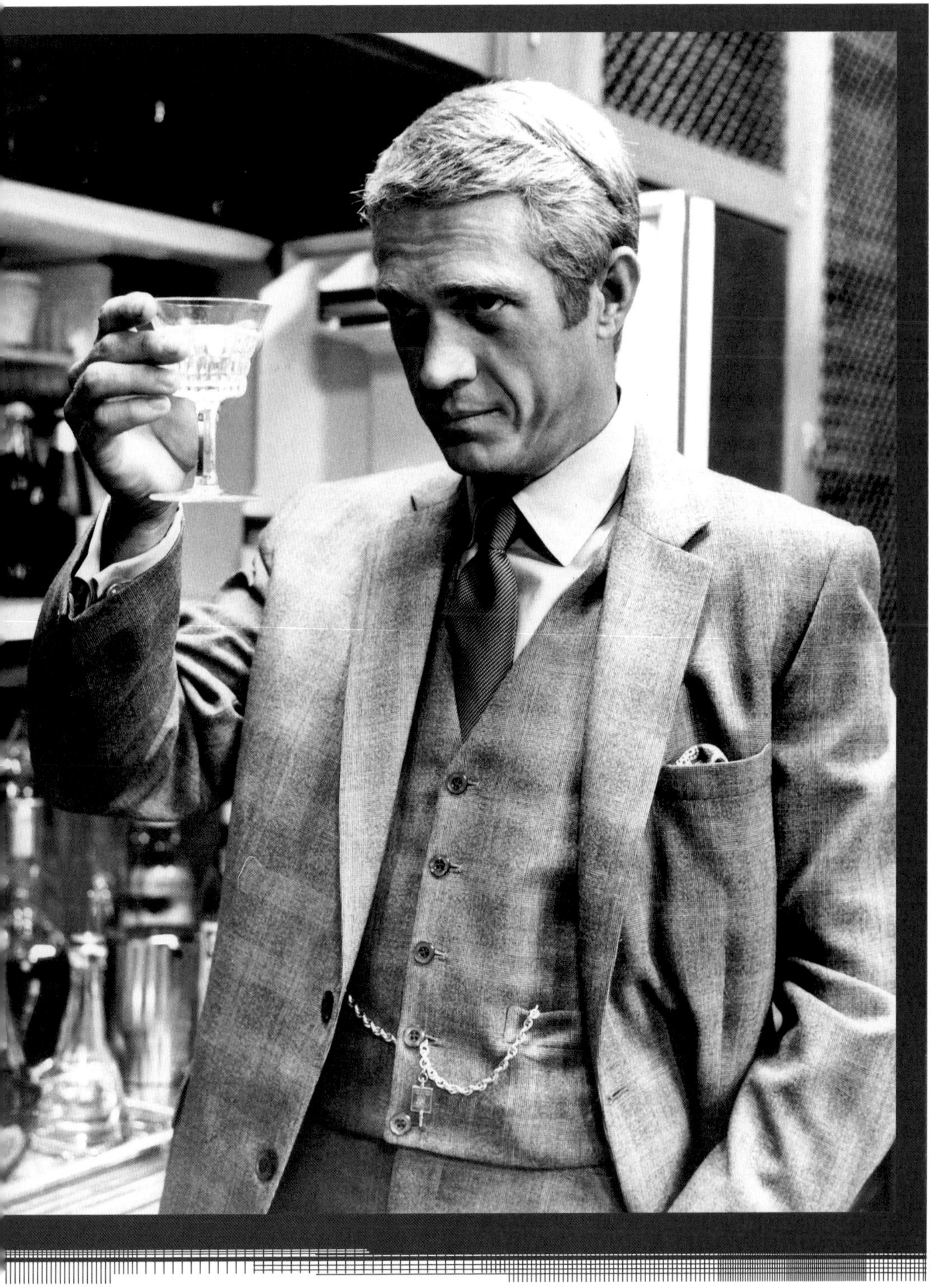

时尚偶像：弗雷德·阿斯泰尔

最引人注目的是在20世纪30年代和40年代，好莱坞传奇式的著名美国舞者弗雷德·阿斯泰尔（Fred Astaire）以他在银幕和舞台上完美的衣着品味和对细节的关注而闻名。阿斯泰尔许多电影中戴着礼帽、白领带，穿着燕尾服的形象使其显得极其优雅。而在银幕外，他穿着标志性的运动夹克和长裤，常搭配一件衬衫和领结。他的个人风格至今仍是人们灵感的来源。

Oxxford Clothes

1916年由雅各布（Jacob）和路易斯·温伯格(Louis Weinberg)在芝加哥创立的Oxxford Clothes是一个低调的、欧洲风格的定制服装店，它的传统工艺和手工剪裁在美国非常罕见。该公司在过去的几年里，一直为独具慧眼的男士和公众人物提供着装，包括克拉克·盖博，沃尔特·迪斯尼和乔·迪马吉奥。它抵制大规模生产方法，转而培训自己的裁缝师和剪裁师。Oxxford使用高质量的欧洲面料，持续定义美国的裁剪和并提供增值服务。Oxxford的1220系列以"美国风格，美国制造"为理念在市场上销售，其具有舒适性和良好悬垂性的风格和传统在商业和社交场合都适于穿著。

J Press

J Press于1902年在康涅狄格州的纽黑文创立，具有很强的美国东海岸的服饰气息，代表美式预科生风格。J Press各种色调柔和的柔软斜纹软呢面料展示出统一的视觉美感，其标志性休闲夹克既可以作为套装也可以作为运动外套。

在美国精选男装店中J Press提供成品夹克和套装，也提供量身定做服务，将天然的优质面料与美国的精加工结合在一起，其传统的平褶裤很受男士欢迎。该公司还提供全系列的领带，包括军团斜纹领带和俱乐部条纹领带，以及预科生风格的领结和包括领插、手帕的一系列男士服饰配件。J Press对常青藤联盟标准的承诺使其延续了美式经典。

男式衬衫已经有好几百年的历史了。衬衫最初是作为内衣贴身穿着，只能看到开口和边缘部位。

领饰则由轮状皱领演变为蕾丝边衣领和后来的领结。在19世纪早期，高领衬衫搭配二重领外套，并饰有领结或领巾。

白天穿的衬衫和晚上穿的衬衫之间的区别在19世纪不断演化，衬衫正面可见的部分变得正规化，这很大程度上是由马甲的剪裁决定的。衣领是可拆卸的，用纽扣或金属扣固定在领口上。衣领形状决定了不同程度的礼仪。白色礼服衬衫保留了装饰细节，如精致的褶子，荷叶边或刺绣，而正式的白天穿的衬衫是挺括的，有可拆卸的衣领和袖口，直立的衣领搭配大蝴蝶结领带。非正式的衬衫开始出现图案和条纹，但也有可拆卸的衣领，其中包括翻领，这构成了现代衬衫衣领的基础。1871年，英国衬衫制造商Davis&Co为注册了第一件男士纽扣开襟衬衫——以前都是套头衬衫。

⬥ 这幅20世纪60年代的男装插图显示出白色礼服衬衫上装饰着精致的褶子和荷叶边

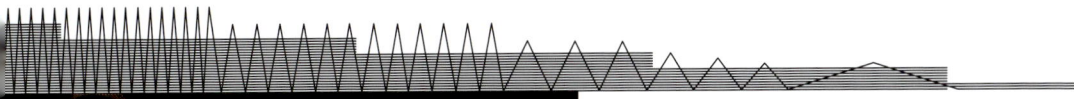

定制衬衫

　　定制的或全定制的衬衫为成衣提供了另一种选择。如今，它们很大程度上是喜欢奢华的绅士和有钱人的专属。全球时尚之都——巴黎、米兰、罗马和纽约——都可以找到高质量衬衫的制造商。伦敦也以其名副其实的萨维尔全定制衬衫制造商而闻名。

◖迪奥的Homme A/W 10系列中的经典白衬衫

日间服饰的衣领形状取决于风格的变化，如领针领和钮扣领

衣领

衣领是衬衫最鲜明的特点之一，它有助于定义衬衫的个性和风格。可拆卸衣领通常用于正式的晚装，为直立领或尖领形式，可替代宽翻领。日常的领子形状更受时尚潮流和风格变化的影响，可以概括为以下形状。

经典翻领

适用于各种柔和的领尖。领子的深度应该与领座成比例，高领座就需要宽翻领。许多做工精良的男式衬衫翻领都配有可拆装的领骨。

一字领

这种风格也被称为"宽角领"，特点是大夹角、展开的正面。通常被认为是半正式的，可拆装的领骨作为标配。

领针领

领针领由一根可见的领针连接两头。通常领尖较圆，包括对比鲜明的白领。这种款式在美国仍然很流行。

扣带领

这种设计搭配了一条领带：将一个小襻扣缝在领口边缘，可以突出领带结。牛津衫常用这种衣领。

尖领

经典翻领的一种变化风格，尖领常随着时尚趋势周期而流行。

纽扣领

这种时髦的领子风格特点是其柔软的翻领，通常是在牛津纺衬衫。

牛津纺衬衫

　　这款衬衫的风格是其柔软的、领尖带纽扣的翻领。纽扣领衬衫最初是由布克兄弟（Brooks Brothers）于1896年在美国推出，灵感来自于马球运动员的衬衫。牛津纺衬衫不是正式的礼服衬衫，风格特征是中后部的工字褶，是否搭配领带都可以。

裤装是男装的主要单品。尽管裤装与男装有密切的联系，但在被吸收为女性服装之后，裤装就不再属于"男性"专有了，尤其是从20世纪70年代开始。通常认为今天的裤子是从19世纪早期的灯笼裤演变而来。

灯笼裤

法国大革命之后，人们放弃了及膝马裤，形成了一种及踝式裤：灯笼裤。为了达到"光滑"的外观，灯笼裤用背带支撑，而脚套就像马镫一样，在鞋子的脚背下系着。灯笼裤的贴身穿着符合男装更为合身的时尚潮流，19世纪早期剪裁技巧也更精细化。这也产生了19世纪20年代男装沙漏型异样的廓型，一时之间，男士们都系着"腰带"，衣服内穿着男性紧身胸衣和大腿衬垫，以凸显时尚的细腰。到了19世纪中期，脚套基本上已经从男人的裤子上消失了，裤腿则更宽松了。

变化

条纹和格子面料被引入用于白天穿的裤子，并与双排扣长礼服或高扣位的休闲夹克搭配。

裤褶的引入使男裤更加舒适放松。20世纪20年代推出了一款宽松的裤子风格，叫作"牛津布袋"。这种裤子的风格很快就被常春藤联盟的美国学生所接受，并出现在耶鲁和哈佛的校园里。多年来，牛津布袋一直是后来的宽腿裤的参考样式，而宽腿裤已经成为了一种很广泛的裤型。

◑ 带背带（吊裤带）的细条纹裤构成薇薇恩·韦斯特伍德（Vivienne Westwood）S/S 10男装系列的一部分

折缝和卷边

19世纪80年代，人们开始在男裤正面引入折缝。折缝最初是从膝盖向下压到裤脚。人们认为这种做法是为了减少膝盖松垮难看的外观。到了1900年，男裤上的折缝延伸到腰部。不到10年的时间里，熨平的裤子已经变得司空见惯，如今依然如此。

在美国，裤卷边是在19世纪被引入的。尽管确切的起源仍是争论的焦点，但一些历史学家称，在19世纪60年代，英国温莎板球俱乐部的队员们用手翻起板球裤的裤脚时就首次出现了。据说国王爱德华七世把他的裤脚翻起来以避免弄脏弄湿。在此之后，这种皇室代言的卷边成为时尚男士们的热门选择，并采用于白天穿着的裤子和运动风格的裤子。人们认为这种样式相当活泼，不适用于晚礼服、晨衣或任何形式的正式服装。

细节

男裤是由细节、面料和整理方式决定的。在设计一条裤子时，应该充分考虑这三个因素。标准包括衬里的处理。长至膝盖的半衬里会使裤子更加舒适，坐下或站起来时更平滑。裤腰是裤装的显著特征，通常也是品质的标志，许多制造商会在裤腰上应用其商标。然而，裤腰内部的处理对于舒适度起着更重要的作用。加强后裆缝虽不起眼，品质也非立即可见，但明显是一条做工精良的裤子。精心制作的口袋、纽扣孔、接缝、裤脚和背部豁开的裤腰都便于将来调整以提供附加的优良质量。增加褶皱影响了男裤的外观和风格，很大程度上是个人品位的问题，也受到时尚周期的影响。向内的褶皱被认为比"反向褶皱"更传统，然而，后者往往会造成腹部平坦的外观，更常见于腰带裤上。

背带

　　背带在美国被称为"吊带裤"，曾经是男人衣柜中不可或缺的一部分。今天，他们仍然是对衣着讲究的男士们的一个重要配件。背带的尺寸因人而异，就像衬衫或裤子一样。合身的背带的优点能够将裤子牢牢地固定在适当的位置，同时突显出一条漂亮的垂直线。它们最适合于高腰风格的裤子。与腰带不同的是，背带能让衬衫和腰带之间的部位透气。通过纽扣将背带系在裤子上会呈"M"型。也就是，正面有两粒纽扣，背部中间有一粒纽扣。有些裁缝师甚至提倡在正面显现纽扣，而在背后隐藏。

⏶ 美国音乐家和制作人坎耶·维斯特（Kanye West）以他的个人风格和对细节的关注而闻名于世，就像这张照片里展示的预科生风格

虽然领带在男装的演化历程中相对是个"新来者"，但它早已与传统礼仪相联系。在19世纪早期，各种各样的"结"被引入来补充逐渐增加的衬衫样式和领子形状。其中包括领结、领巾的变化，还有一种叫"雅伯特"(jabot)的花边领饰。19世纪随着领带种类的增加以及越来越多的礼节，关于如何打不同领结的指南印在手册上提供给男士。

19世纪60年代，一种系着水手结的长围巾成为男士的时尚，取代了早期日常穿戴的交叉领带。黑色或白色的扁平、窄小的领结更适合正式的晚装。蝶形领结也成为男士休闲西装的一种可接受的领饰。对于正式的日装和"节日盛装"，则领巾、白色领子及袖口都要相搭配。

◐ 色彩鲜艳的男士领带。传统上，薄软绸用做领带和手帕

四手结

19世纪90年代期间，"四手结"变得流行起来。这种结被设计用来搭配衬衫和马甲，并可以露出男士衬衫上的金属扣，很快就赢得了大众的认可。关于四手结的起源，有人认为马车夫曾将马缰绳打成四手结，而另一些人则将其与司机佩戴围巾的方式联系在一起，还有人认为可能是伦敦Four-in-Hand 俱乐部的会员发明出这个系法，他们很快就使这种结流行起来。无论哪种说法，今天大多数男人认为这种"四手结"是标准结的基础。

温莎结和半温莎结

唯一可以替代四手结的是以温莎公爵的名字命名的"温莎结"和"半温莎结"。这两种结都需要相当的长度和柔软度来系结，这代表着高品质面料、制作精良的领带。

❥ **三种主要领结的图解指南：四手结、温莎结和半温莎结**

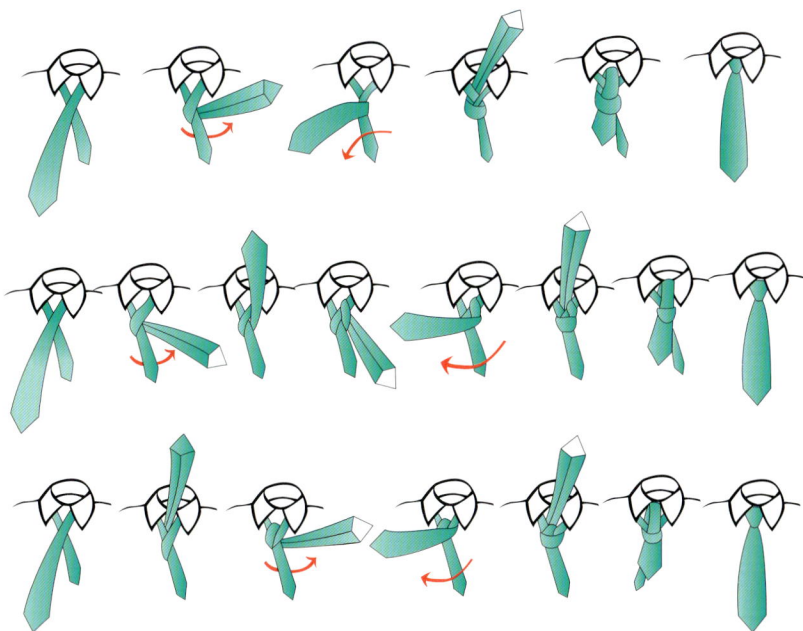

蝶形领结

　　蝶形领结具有鲜明的特点，为领结提供了另一种选择。非正式的叫法为"dickie bow"，这种对称的领饰在日装中已不再广泛穿戴，却成为美国预科生风格的一部分。蝶形领结主要用于男士晚装和正式场合。其中一个原因是大多数男性都不能正确地打结，这可能是因为引进时就已经是绑好了的现成的dickie bow；然而，在上流圈子里，夹扣蝶形领结从来没有被完全接受过，因为不会打领结被认为是一种不善社交的笨拙形象。

军团式领带

　　现代的领带主要与礼节有关，但也一定程度代表了自我表达、时尚甚至是幽默感。英国引进了军团式领带并且自20世纪20年代以来一直保持着时尚风格。这种领带的特点是斜条纹，最初表示不同军事团体或武装部队的成员。英式军团领带开始变得平民化，成为普通的俱乐部条纹领带。传统的英式条纹从左肩到右肩，而美式俱乐部的条纹则相反，沿袭了布克兄弟的风格。

现代领带

现代领带出现之前，人们沿着织物的纹路剪裁，既不垂顺也不好系。1924年，纽约领带制造商杰西·朗斯多夫(Jesse Langsdorf)提出了一种解决方案：将领带呈45°斜向剪裁。朗斯多夫还把领带剪裁成三段，使其更柔软便于打结和垂坠。创新的"朗斯多夫领带"获得了专利并在全球范围销售，随后又改进增加了暗缝线迹用以辅助恢复形状。如今，大多数领带都是用同样的方式裁剪和制作的。

从历史上看，男士内衣裤是隐蔽的、相对没有特色，贴身穿着，主要目的是在使用者和他的外衣之间提供一个卫生层。然而，20世纪随着品牌运动服的兴起，男士内衣裤走出衣橱，出现在时尚杂志和广告牌上。从20世纪80年代起，男士内衣裤市场就经历了一场营销革命，并在展示男性美和身体健康的理念上发挥了作用。

◔ 杜嘉班纳（Dolce&Gabbana）是内衣设计的市场领导者；竞争激烈的男装领域。Dolce&Gabbana 男装 A/W 10系列

内衣裤的革命

如今的男士内衣裤市场是大买卖，也是品牌男装领域的一部分。大胆的颜色和带有品牌商标的裤腰是男士内衣裤款式的一种现代现象，通常被认为是休闲服装的组成部分。各种剪裁、款式、面料的内衣裤都能在美国和欧洲的知名品牌中很容易的买到。在男性内衣裤的现代演化中，Calvin Klein（卡尔文·克莱恩）是一个著名的品牌领导者。在一系列具有视觉冲击的广告和促销活动中，该品牌将男士内衣的商业报价和时尚魅力延伸到了竞争激烈的男装领域。

汗衫（背心）

　　直到20世纪30年代中期，无袖汗衫（背心）才被男性广泛使用。战争年代，美国军人穿著短袖汗衫，叫作T恤。因其外形轮廓而得名的T恤在战争期间仍然是内衣，战后以棉毛衫、网眼衫和罗纹棉毛衫等各种形式进入男性衣橱。

　　技术和纺织品的进步扩大了面料的选择范围，包括无缝内衣面料，弹力运动面料和混纺棉，以及具有热性能的背心和用竹子、大豆纤维制成的新一代的环保针织面料。

　　色彩和印花在很大程度上将这种风格快速推进演变成无处不在的男式T恤。

与服装定制一样，男性制鞋的历史也源远流长。英国和意大利都有生产高质量男鞋的传统。英国公司仍然根据鞋楦（相当于剪裁的纸样）生产定制鞋。它们正式的、耐用的外观和固特异缝边（用皮沿条将鞋垫和鞋面缝合，然后缝合到鞋底）使它们非常适合英国气候的要求。流行的款式包括牛津鞋、布洛克雕花鞋和德比鞋。意大利鞋的做工也同样讲究，但其历史传统是使用柔软的皮革加工。美国也有自己的制鞋传统，这种传统受到英国和意大利鞋匠的影响。美国人接受了各种正式的和非正式的鞋子，比如乐福鞋和莫卡辛鞋。

◌ 布洛克鞋，也被称为"wing-tips"，是一种开放式襟片的男鞋。一般认为封闭式襟片的鞋比开放式襟片的鞋更严谨正式

牛津鞋

黑色牛津鞋是最正式的男鞋款式之一。其特点是鞋头接缝和封闭式襟片，鞋相对低调和克制。封闭式襟片意味着由鞋带合拢的鞋面两侧是缝在鞋前部的下面的，从而遮住缝在鞋带下方的鞋舌。

> "如果你想了解一个男人，就看他穿的鞋。"
> 亚里士多德·奥纳西斯

Legate

Legate鞋介于牛津鞋和布洛克鞋之间。鞋头上饰有穿过接缝线的孔眼，并沿接缝接鞋面（前面部分）和鞋跟位置（后面和侧面）相连接。Legate鞋也是封闭式襟片款式；比牛津鞋稍微休闲一点，但又比布洛克鞋更文雅。

布洛克鞋

在美国，布洛克鞋被称为Wing Tips。其特点是沿接缝和曲线型鞋头的装饰性孔眼。布洛克鞋这种独特的孔眼有时出现于牛津鞋和德比鞋的混合版中。

德比鞋

德比鞋有开放式襟片，这意味着鞋的侧面缝制在前面部分的上面。鞋舌与鞋面（前面部分）采用同一张皮革，鞋耳在鞋舌上面相对。

僧侣鞋

僧侣鞋或孟克鞋由横跨鞋面的皮带扣或搭带扣紧的。在欧洲大陆流行，这种风格被认为比一些开放式襟片的鞋子和易穿脱的乐福鞋更正式，但不像牛津鞋和大多数封闭式襟片鞋那样正式。

乐福鞋

乐福鞋广泛适用于各种男士的"懒人鞋"。流苏乐福鞋是一种流行的英式款式，其特点是在前面有两根装饰性的流苏。便士乐福鞋自20世纪30年代首次出现以来就在美国一直很受欢迎。在意大利，古驰将马衔扣乐福鞋流行起来，成为这个意大利奢侈品品牌的标志性风格。

Dashing Tweeds

谁创立了Dashing Tweeds？

我（Guy Hills）遇到柯斯蒂·麦克杜格尔（Kirsty McDougall）时，她刚从皇家艺术学院毕业，我们两成立了Dashing Tweeds。品牌的理念可以用"21世纪的斜纹软呢"来概括。斜纹软呢最初用于运动装，由羊毛制成，有极好的特性，资源也很稳定。斜纹软呢最初是用自然的原色编织，后来染了色。我和柯斯蒂想要做些改良，以使其融入都市的潮流。我在伦敦从事的主要活动不是围捕、射击或钓鱼，而是骑自行车。考虑到这一点，我们开始在斜纹软呢里织进一些反光的线，以增加夜间的能见度，白天也不显得过分花哨。

您的不同设计背景如何帮助你定义品牌的风格？

柯斯蒂和我都喜欢色彩和这种织物带给你的设计的完整性。现在有很多印花工艺，在数字世界里，这很容易做到。编织的乐趣在于，在过去的几百年里几乎没有什么改变，而柯斯蒂设计的这种新的编织结构具有设计的可信度，这在这个时代非常令人耳目一新。我们俩都喜欢服饰的乐趣，我们的许多设计都是为了给人们带来快乐。

您从哪里得到灵感?

　　我和萨维尔街的大部分裁缝师一起工作，研究他们的档案文件来寻找灵感。不过，怀旧并不是我的设计方向，我是用经典的款式理念作为出发点前进。Dashing Tweeds是一个成衣品牌，具有现代性，为现代人创造服装。我们正在致力于剪裁新的廓型，在编织方面，柯斯蒂正与纳米技术实验室合作，我们希望它将提供全新的功能性纤维，可以使我们将它编织到斜纹软呢的羊毛基质中。所以灵感很大程度来自于对现代生活的观察和对未来的思考。

谈谈您对现代纱线和工艺的兴趣。

　　对现代纱线和工艺的兴趣在于为当今世界创造的布料和服装。20世纪70年代时人们认为未来是一个洁白、闪亮、干净的地方，而现实情况是现在人们希望用传统和道德的方式生产有机产品，同时也希望能无缝集成现代工艺的所有好处。这正是我们想要Dashing Tweeds做的。我们的服装将拥有很好的性能，但也令人熟悉。

史陶尔斯定制服（Stowers Bespoke）

您是如何成为一名裁缝师的？

17岁的时候我到埃塞克斯郡格雷斯市的一家定制服装店学习了各种基本技能，包括修整衣服、缝夹克和裁剪裤子。后来我到萨维尔街进入管理部门，管理定制服装店和车间，然后才开始创立Stowers Bespoke。

您认为英式西服的特征是什么？

我认为一套英式西服可以毫不费力地适应身型。腰部应该是塑形的，胸部和肩部也应该很合身；挺括而不夸张。款式经典，但这并不重要，因为我们每个人都很独特。

Stowers Bespoke的独特之处是什么？

　　萨维尔街的定制服装店通常都有各自的"独特风格"或与众不同之处，专门针对特定类型的服装。我们的经营方式与其他定制服装店完全不同，因为我们信奉的是给顾客一个更广泛的选择。这是完全可能的，因为我们的专业知识首屈一指。我们的客户可以创造自己独一无二的设计款式。我们有制作女装和男装的技能组合，可以提供全套服装，从正式的服装到休闲装，包括定制的牛仔裤和时尚单品以及特定的服装，包括射击服，军服和礼服。通过了解客户和建立长期的紧密工作关系，我们能够满足他们明确的要求。

Stowers Bespoke的客户有哪些？

　　我们的客户非常多样化。多年来，我们为皇室设计和制作服装，也为许多电影、演员和流星歌星设计和制作服装，包括杰克·布莱克、雷·温斯顿、乔什·哈特尼特、休·格兰特和科林·费斯以及迈克尔·杰克逊等；我们为迈克尔·杰克逊制作了他的第一套军服。

男装时尚如于**运动装，** 并在更多场合得到发展。

以狩猎外套为始的**燕尾服，**

刚刚**结束**了一段时尚之旅。

而**田径服**

又**开启**了另一段。

安格斯·麦吉尔

如今难以想象男士运动装有时并非衣橱常备品。本章将介绍男士运动装的转变历程，从早期的绅士休闲服到面向年轻人，男士运动装如今成为一种与品牌、技术发展、运动鞋和街头文化有着内在联系的全球性现象。

此外，还将讨论丹宁布的影响和流行地位，以及牛仔裤的简史和当代一些有特色的牛仔品牌以供进一步参考。还有对一家牛仔裤公司的设计师兼创始人以及一个环保运动服装品牌的设计师进行的两次访谈。

运动装起源于19世纪，从特定场合或活动的着装习惯衍生而来。比如骑马的习惯就产生了不同的着装方式。然而在19世纪中期，随着欧洲和美国快速工业化，只有那些负担得起的人才能从事新的休闲活动。对于大多数人来说，休闲娱乐是一种奢侈，而运动装饰则意味着一种社会地位，这让运动装的早期顾客感到安心。

从早期的以阶级为基础的表现来看，男士运动装很快就扮演了促进身体健康的角色，这要求每个活动或场合都需要合适的衣服。1894年重新举办奥运会预示着一场新的运动。50年后纺织技术才有了进步，发展出今天我们所认识的运动装。

◐ 作为19世纪男士运动装的各式便装短上衣与狩猎穿的灯笼裤搭配。1855年《时尚公报》
◑ 音乐人考克森（Graham Coxon）身穿英国Cordings公司出品的一款斜纹软呢诺福克夹克和灯笼裤

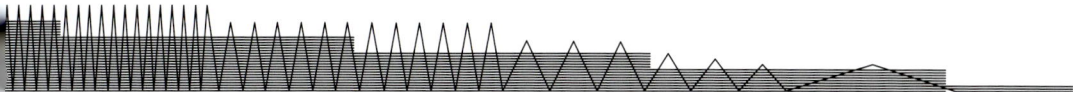

打蜡短外套

打蜡棉外套是一种经典的乡村风款式，为各种户外运动活动而设计。打蜡短外套具有很好的功能细节，例如，复式拉链、风箱袋和隐藏的斜插口袋、可拆卸的风帽和按扣。虽然是为乡村生活设计的，但打蜡短外套也吸引了都市中喜欢户外生活的人们。

传统体育

19世纪和20世纪初，从事体育运动的主要是男性，因为女性被认为太柔弱或太居家而无法参加需要体力的竞技性活动。早期男子体育活动的范围广泛，包括打猎、钓鱼和射击，这些活动都引入了新的服装款式，如诺福克夹克和灯笼裤。

诺福克是一种流行款式，最初是为男士设计的一种结实的斜纹软呢狩猎夹克。也可以用作骑行装，并将英国的斜纹软呢的使用范围扩展开来，用于制作更宽松的便装短上衣，使其成为早期的运动装。灯笼裤是一种高尔夫球服，经常搭配针织毛衣。马裤（Jodhpurs）是为骑马而设计的，搭配紧身的、高扣位的骑装和一顶圆顶礼帽。

Mackintosh雨衣

  Mackintosh雨衣，缩写为"mac"，是一款具有深厚渊源的外套，有着令人印象深刻的传统。1823年，由查尔斯·麦金托什（Charles Macintosh）在苏格兰创建。他将橡胶应用于纯棉斜纹布，使其具有了防水性能。然后，用胶布封住缝份以避免出现针孔，从而确保外套能让穿着者隔绝雨水。精湛的工艺和麦金托什严格的规范相结合，吸引着国际奢侈品牌与之合作，同时也赢得了较高的顾客忠诚度。

⬙ 1934年的一张版画中，法国滑道上的时装。

Polo衫

这款带有纽扣开襟和软领的棉质针织短袖衬衫是经典的运动服装。1933年，法国网球明星雷恩·拉科斯特（Rene Lacoste）与一家法国针织品制造公司进行合作开发设计的这款流行男装瞬间获得了成功，很快就被高尔夫球和马球运动员所采用，由此获得"polo衫"这一称呼。polo衫受人喜受的学院风款式使其魅力经久不衰。

20世纪的追求

20世纪前十年运动装仍然保持优雅，仍然很大程度的维持着阶级差别。然而，欧洲多年的战争改变了以前的社会态度。更加解放的20世纪20年代和30年代，男士运动装的款式不断扩大，获得了新的发展，比如雷恩·拉科斯特创新的针织棉网球衫，以及用于游泳的针织绒游泳短裤。条纹划船运动夹克和法兰绒长裤也成为可接受的运动装。

斜纹软呢和法兰绒的搭配在时尚男士中流行开来，它代表着一种休闲服装的风格，这种风格与运动装截然不同。

美国的影响

到20世纪初，快速工业化、经济增长和多样的气候促使美国建立起了一种非正式的着装文化，将其与欧洲区分开来。美国在棒球和美式足球方面也有自己的运动爱好，这使得美国男士运动装有着明显的美式风格。棒球外套、色彩鲜艳的夏威夷衬衫和短夹克衫，加上大胆的超大格子图案，与欧洲服饰传统都没有什么对应之处。此外，与欧洲相比，美国男性更容易接受舒适安逸的运动装，美国人将这种运动装的精神视为自己的风格。自20世纪下半叶以来，运动装成为美国风格的代名词。

第二次世界大战后青少年的叛逆和好莱坞的巨大影响力结合在一起，加速了运动装的兴起，进而影响了男装的格局。纺织制造和加工工艺的技术进步使得运动装在许多方面影响着男装的发展。

▷ Y3是阿迪达斯和山本耀司的合作项目；2002年推出时彻底改变了这个行业。Y3 A/W 10系列

棒球外套

经典的棒球外套在美国的文化传统中占有很重要的地位。棒球夹克与大学校园风格紧密相连，已成为流行的运动服产品，催生了无数品牌和城市风格的仿制品。棒球夹克风格经历了几十年的发展，但仍然很具有识别性。其特征是颜色充满活力的强缩绒衣身，对比明显的皮革衣袖和胸口部位的徽章或运动标志，正面是按纽开襟，衣领和袖口镶有条纹编织。

百慕大短裤

百慕大短裤最初是为那些被派驻到热带和沙漠地区的英国军人设计的。后来，在第二次世界大战期间，百慕大的文职雇员对这款军装短裤进行仿制，使得它与百慕大群岛产生了些关联。战争结束后，短裤的颜色更鲜艳，也使用了凉快的棉布，这确立了其经久不衰的风格。

T恤衫的兴起

在第二次世界大战中，配发给美国军人的内衣因其外形轮廓而被称为T恤衫。第二次世界大战后，这种短袖军装T恤开始出现在军队的商店中，电影里一些好莱坞男性偶像也身穿这种T恤，比如20世纪50年代的马龙·白兰度和詹姆斯·迪恩，以及60年代的保罗·纽曼和史蒂夫·麦奎因。这些好莱坞明星们将这款内衣重新定义为具有性感魅力的服装，成为男性青年的普遍象征。

T恤有时被称为"tees"在运动服和休闲服市场都能买到。它们是服装的主打单品，既有原始的经典白色，也有"基本"的款式，而且与牛仔裤一样，有着高度的通用性。随着时尚潮流的波动，T恤上会有印花、刺绣、浮雕、扎染、贴花，通常是由个人定制。T恤已经成为男性群体和反文化服饰永恒的宠儿，代表着一种特定的风格、运动、品牌或社区，以及体现着个人对于服装或"形象"的观点。所以毫不奇怪T恤会被改编成具有政治立场的服饰，印有标语和醒目的图片。同时它也成为旅游品，将企业利益与幽默融合在一起。

⊙ Threadless是美国的一家T恤公司。公众被邀请提交他们自己的设计，然后在Threadless的在线社区进行公开投票，并在网上出售所选的设计。这是一个很好的案例，说明T恤是如何继续发展和适应时代的

○○○T恤衫已成为最流行的男装之一。

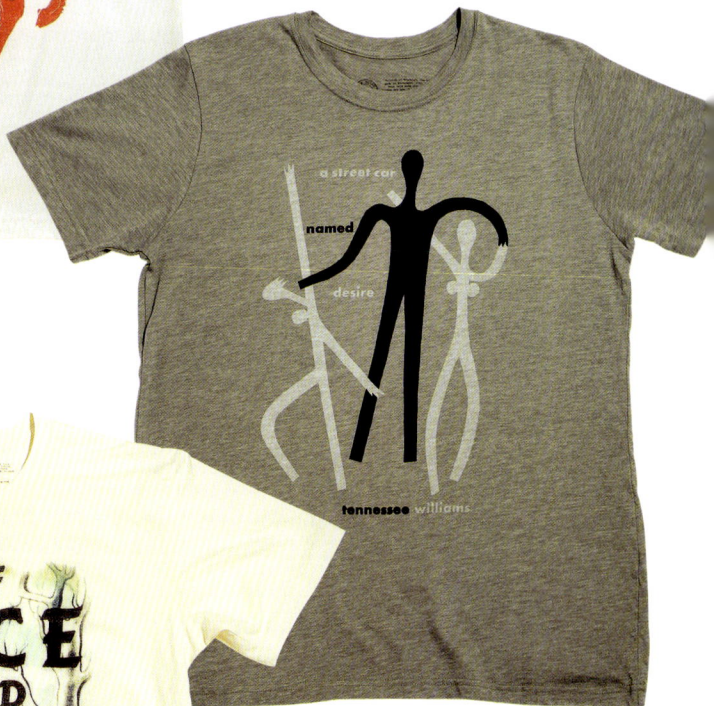

丹宁布在男装的历史中占有独特的地位。它超越了时尚反复无常的季节性，并邀请穿着者运用他自己的风格美学。一条牛仔裤是当今大多数男人拥有的最常见也是最个性化的服装。

◐ 这款牛仔裤是由瑞典的一家名为Nudie Jeans的品牌设计的。采用有机棉和生态程序进行纺纱、染色和整理

牛仔裤简史

牛仔裤在19世纪中期的加利福尼亚淘金热中作为工装开始流行。据说，24岁的德国移民李维·斯特劳斯（Levi Strauss）带着他兄弟商店里的一小批干货离开纽约前往旧金山，他希望把这些东西卖给该地区的淘金者。他带了一些沉重的帆布，打算卖了用于帐篷和马车套。当淘金工们表示有兴趣购买适合矿井工作的耐磨结实的裤子时，斯特劳斯发现了一个商机，并将他的帆布做成了工装裤。这种即兴创作的新裤子很受淘金工的欢迎，但也很容易让人感到擦痛。于是，斯特劳斯用一种叫作"serge de Nimes"的法国斜纹棉布来代替原来的帆布并用靛蓝把它染蓝。这种经久耐用的蓝色布料很快就被称为丹宁布，而工装裤则被称为蓝色牛仔裤。

"我常说真希望是我发明了牛仔裤：它最惊艳，最实用，最自在也最不屑一顾。它拥有自己的情感表达：低调谦逊，性感迷人，简朴随性——全都是我希望存在于我衣服里的东西。"

伊夫·圣罗兰

李维斯与法国设计师让·保罗·高提耶（Jean–Paul Gaultier）合作的S/S 10，对美国品牌的经典风格进行了重新诠释，原色丹宁布与红色车缝线对比鲜明

李维·斯特劳斯公司

1873年，李维·斯特劳斯公司开始将后口袋的双弧形缝法作为其标签。同年，斯特劳斯和一个名叫大卫·雅各布斯（David Jacobs）的内华达裁缝师共同申请了一项专利，将铜铆钉打在裤子上，以加强牢度。该专利于1873年5月20日获得，一些历史学家认为这是蓝色牛仔裤的官方生日。李维斯将其创新的新裤子卖给了工人，并将其编号为501。

1886年，该公司增加了"两马"皮章；1922年附上皮带环。1936年，李维斯牛仔裤的后面左口袋缝上了红色旗标，作为将其与其他牛仔品牌区分开来的一种手段。1937年又增加了隐藏的后口袋铆钉。所有这些特征都成为了李维斯的注册商标。1954年，拉链替代了铆钉纽扣开襟。

起初，销售对象主要局限于美国西部和大草原的体力劳动者，包括农民、卡车司机、铁路工人和工厂工人。战争年代中断了牛仔裤生产。然而，到了20世纪50年代和60年代，李维斯得到了战后青年群体和亚文化的青睐，并因其最畅销的501牛仔裤而出名。1964年，一条李维斯牛仔裤成为华盛顿特区的史密森尼学会的永久藏品，确保了其文化地位。

时尚偶像：马龙·白兰度

马龙·白兰度年轻时就以帅气的外表和出色的演技闻名于世，他的演艺生涯跨越了50多年。在1951年的电影《欲望号街车》中，白兰度因穿着紧身T恤而被大众媒体称为"欲望号"；他在1953年的电影《飞车党》中他穿着皮夹克和牛仔裤演绎了一个摩托车叛逆者和帮派头目获得了更多的好评和名声。这大大促进了这两项产品的销售。

丹宁布的神话

可能很难理清围绕牛仔裤的事件是事实还是神话。在加州淘金热之后的几年里，牛仔裤逐渐成为北美农民和蓝领工人的工作服。据说在20世纪30年代期间，来自东海岸各州的"花花公子"曾到访过"荒野西部"，他们带了一条牛仔裤回到城市，作为对他们来访的纪念。这些东海岸的游客们把牛仔裤介绍给了新的对象，但也助长了牛仔裤神话。这个神话的核心是牛仔裤与美国西部牛仔文化的关联。事实上，牛仔们在19世纪90年代就采用了丹宁布。然而，他们变得与冒险精神和自由精神密不可分。这种新式牛仔裤以其精致的剪裁和风格，在20世纪40年代被美国大学生采用，工装裤开始重新焕发青春和男性魅力。20世纪50年代，包括詹姆斯·迪恩(James Dean)、马龙·白兰度(Marlon Brando)和猫王埃尔维斯·普雷斯利(Elvis Presley)在内的电影和音乐明星都穿着牛仔裤，他们的"红人地位"得到了确立。

全球性现象

所谓的"名牌牛仔裤"的出现标志着丹宁布的演化在全球发展到了一个新阶段。男士名牌牛仔裤于20世纪70年代末推出；虽然市场潜力巨大，但此举代表着未知领域。男式牛仔裤市场的困境在于，"名牌"的概念与牛仔裤最初特立独行的青春形象不符。在短短几年内，为了响应迅速发展的推动个性化定制的街头风格，比如增加破洞和漂白丹宁布，制造商们复制了这种样式，并将牛仔裤重新推销给更公众，其结果是名牌牛仔裤成为了街头时尚。如今，欧洲和日本的一些著名高档牛仔品牌提供一系列的剪裁、合体度和后整理。

AG-ed复古牛仔裤

美国高档牛仔品牌AG Adriano Goldschmied开发了一款AG-ed复古牛仔裤，旨在打造带有复古韵味和现代廓型的牛仔裤系列。该公司采用称之为"AG-ed"的洗水技术，将牛仔裤模拟为做旧的复古牛仔裤。水洗次数设定为牛仔裤磨损需要达到的预期的年份。

迪赛（Diesel）牛仔裤

迪赛成立于1978年，是意大利的一个服装品牌，拥有大量的牛仔服装系列，这使得它成为了男士牛仔裤的领军品牌之一。它将其设计款式巧妙地通过面向年轻人的广告和相关多媒体渠道进行传播。迪赛牛仔裤舒适度高并完美贴合身型，使其成为最受欢迎的品牌之一。

Earnest Sewn牛仔裤

Earnest Sewn是一个专注生产高质量牛仔裤的美国品牌，融合了日本传统的wabi-sabi(不完美、不浮夸和非传统的美)和美国传统。Earnest Sewn很少大规模生产，更多的是手工制作。它们外观自然，并且每条牛仔裤都独一无二，这一点是wabi-sabi的日本传统所推崇的。

时尚偶像：大卫·贝克汉姆

　　国际足球运动员和英国体育大使大卫·贝克汉姆同样以其上镜的外表、产品代言、慈善工作和多才多艺的服装风格而闻名。他已成为全球性的媒体人物和时尚潮流的引领者，拥有忠实的粉丝群。作为前辣妹组合成员和时尚企业家维多利亚·贝克汉姆的丈夫，贝克汉姆出现在众多时尚照片中，包括为意大利时装设计师乔治·阿玛尼宣传造势，以推广阿玛尼男士内裤系列。贝克汉姆还推出了自己的香水系列，并经常出现在关注名人的博客和国际时尚杂志上。

G·STAR RAW

⬙时尚的男士都市牛仔风格

福神（Evisu）牛仔裤

Evisu是一家日本服装设计公司，使用传统的、劳动密集型的方法生产高档牛仔裤。该品牌的创始设计师山根英彦（Hidehiko Yamane）曾接受过裁缝的培训，但他对纯正复古牛仔裤的热爱促使他对正宗的生产方法进行了研究。因为高水平的个人后整和手绘过程，最初的生产数量非常有限。山根英彦对牛仔裤的热爱吸引了牛仔裤收藏家和日本公众的想象。该公司不可避免地扩大了经营，但仍保有其偶像地位。

G-Star牛仔裤

G-Star是一个荷兰的服装品牌，成立于1989年，在成为全球性品牌之前深受学生欢迎。男士G-Star牛仔裤系列风格多样并称自己是第一批推出"街头奢华牛仔裤"的公司。G-Star强调对比例、工艺和细节的关注，现在还推出了使用有机棉和再生纤维混纺的RAW系列牛仔裤。

Kuyichi牛仔裤

尽管它的名字听起来很像日本公司，但它是一家欧洲公司。它拥有令人印象深刻的绿色证书：由荷兰开发组织"合众基金会"创建，Kuyichi "pure denim" 系列牛仔裤只使用有机棉生产。以其对可持续性和原料可追溯的承诺，Kuyichi为男性和女性打造了时尚合身、水洗加工的牛仔裤系列。除了推广其有机牛仔裤外，该公司还在探索使用可再生聚酯、Tencel纤维、剩余丹宁布和大麻纤维制作牛仔裤的概念。

PRPS牛仔裤

PRPS是一个位于纽约的奢华牛仔品牌。PRPS的座右铭是"磨旧，但永不破损"，该品牌主打Authentic Denim牛仔裤系列，将实用性置于时尚之前。PRPS使用非洲棉和日本的专业技术制作独特和创新的牛仔裤。这个品牌的严格的标准和酷炫的形象引起了大卫·贝克汉姆等名人的注意。

运动专用服饰

20世纪期间男士运动专用服饰的历史和演变与合成纤维的发展和后整技术密不可分。如果没有技术发展导致第一批合成材料的推出，以及其易于护理的特性和提高性能的后整理，运动专用服饰就不可能发展到今天我们所知的服装和配饰形式。

1932年，著名的德国越野滑雪者威利·博格纳(Willy Bogner)创立了一家以他名字命名的小型企业，并开始从挪威进口滑雪板、配饰和针织产品。作为一名职业滑雪者，博格纳非常了解滑雪的要求。在与妻子玛丽亚的合作下，他开始设计冬季滑雪服。博格纳将功能与风格相结合，提升了公司的形象。1937年，他在拉链上引入银色字母"B"，这被认为是运动服饰品牌的出现。博格纳也开始通过为高尔夫运动和一系列运动配饰打造运动装风格来实现业务多元化。

⬤ 德国滑雪运动员威利·博格纳(Willy Bogner)在1936年冬季奥运会开幕式上。博格纳接着成立了以他名字命名的运动专用服饰品牌
华盖创意图片库 / 华盖 / 体育图片
⬤ 都市休闲街头风格的自由式轮滑鞋

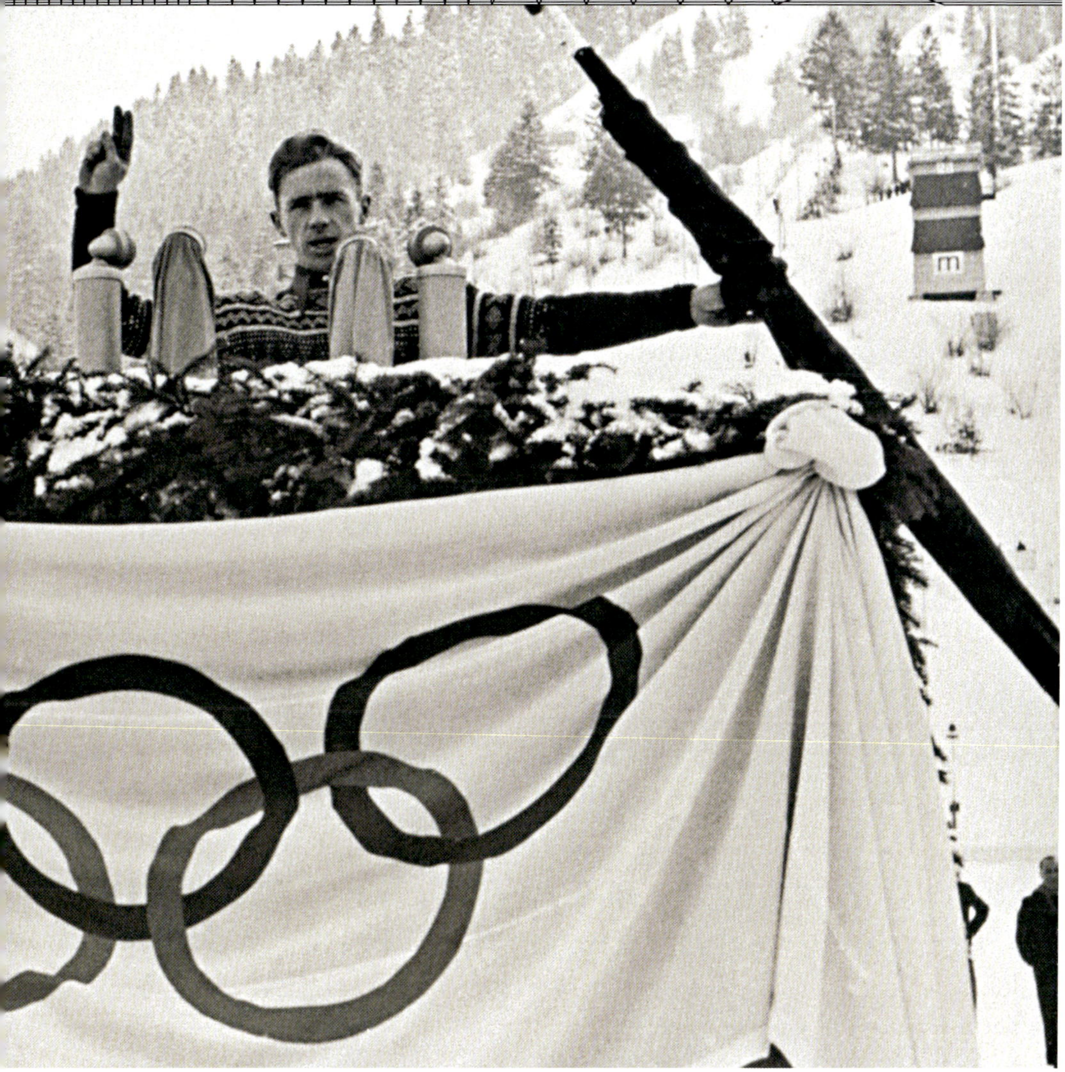

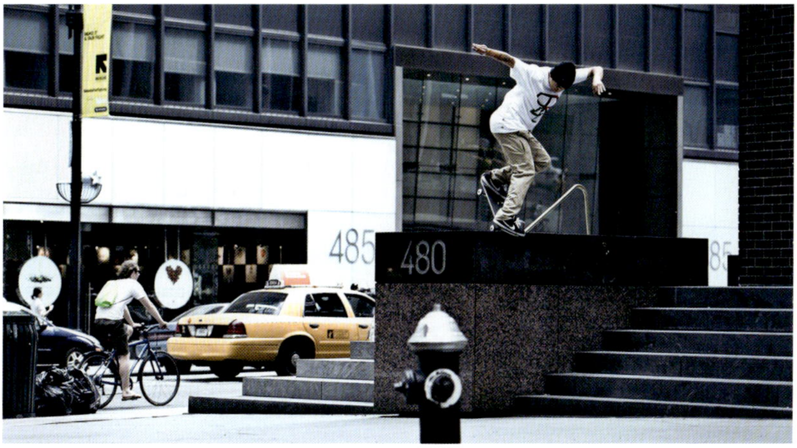
485
480

合成纤维

1939年，杜邦公司引入了被誉为"奇迹纤维"尼龙。在20世纪下半叶，尼龙成为了使用最广泛的合成材料。作为第一代真正的合成纤维，尼龙超过了早期的人造纤维，如人造丝和黏胶，于1905年进入商业生产。尼龙是由石化产品合成的并为人造纤维奠定了基础，包括丙烯酸、涤纶和氨纶。

合成纤维用于制造耐用、实用和功能性的易护理面料。在20世纪40年代末和50年代，服装制造商将其应用于男装。成衣生产系统是在20世纪中期建立起来的，与新的合成材料相结合应用于运动专用服饰。由杜邦公司开发的弹力纤维（更广为人知的名字是莱卡和氨纶)和潜水料等面料，已经彻底改变了运动专用服饰，最著名的是泳衣和水上运动装备。将合成纤维与天然纤维结合起来的优势（如聚酯纤维和棉花、羊毛结合），得到了主流服装品牌的认可。

◐ Patagonia 滑雪服将现代风格与技术性能结合起来，并具有环境意识和社会责任感

　　在运动专用服饰上使用合成材料引发了有关
该行业"绿色"资质的质疑。像Patagonia这样
的运动专用服饰品牌在履行企业社会责任的承诺
和支持环保项目和合资企业的使命声明方面处于
领先地位。Patagonia是一家按照质量标准生产技
术运动装的最优秀的公司之一，采用具有责任感
的采购政策，其中包括使用再生聚酯、再生尼
龙、有机棉和无氯羊毛，而不损害其服装的性
能或风格。

科比·布莱恩特（Kobe Bryant）是洛杉矶湖人队和美国国家队的篮球运动员。他在美国国家篮球协会(NBA)的比赛中取得了令人羡慕的成绩，包括连续获得NBA总决赛最具价值球员奖。科比已经与许多成功的赞助和代言联系在一起，包括他自己的签名款耐克运动鞋。

国际运动服装品牌

20世纪下半叶，运动服从几乎完全由专业运动员所穿的运动专用服饰转变为社会更广泛阶层所穿着的品牌服饰。

在20世纪的最后几十年里，运动专用服饰对男装具有革命性的影响。运动服饰与体能表现和健康密切相关，吸引着新一代的男性，他们试图打破父辈和祖辈约束的着装风格。运动专用服饰在战后崛起，同时欧洲和北美面向青少年的流行文化兴起，纤维技术快速发展，媒体影响力上升，体育、音乐、电影和电视等领域出现了新的男性榜样。

20世纪60年代，阿迪达斯开始向市场推销其独特的运动套装，这些休闲运动服饰有公司的三条纹标识。80年代兴起健身热，阿迪达斯推出"贝壳服"。这些色彩鲜艳、轻薄的尼龙运动服，最初由专业运动员推广，由知名品牌运动服装公司生产，进入主流男装市场。20世纪90年代被各种各样的量贩商过度曝光和复制，贝壳服失去了消费者的欢心。与此同时，耐克、锐步和阿迪达斯等新的运动品牌在迅速发展的品牌运动服市场开始重新定义自己。

戈尔特斯（Gore-Tex®）

Gore-Tex®是一种防水/透气面料，于20世纪70年代后期在美国开发并作为防水层压材料获得专利。Gore-Tex®面料是通过将密封的高性能面料的膜系统层压在一起制成的，通常采用胶带接缝以避免渗漏，并提供100%的防水保护。成功应用于联名运动专用服饰Gore-Tex®，延续了性能面料创新的传统，扩大了男士运动专用服饰的选择范围。

⬥ 胶底帆布运动鞋（Sneakers）
和跑鞋(Trainers)是最受欢迎的男
士运动鞋，它们不仅仅关于运动和
都市服饰

当然，运动专用服饰永远不会取代所有
的男性服饰，也不会对正式服装产生真正的
影响，但它的广泛采用使它成为男装的一股
强大力量。一些社会学家和历史学家认为，
运动专用服饰成为统一的着装方式的替代选
择。当然，运动专用服饰的发展和流行使它
看起来无处不在，但它的成功并不完全是社
会和技术环境的结果。运动服制造商和零售
商已经认识到，持续的技术投资和有效的品
牌传播是其继续发展和成功的先决条件。

引人注目的品牌推广和标志性的标识
已经成为男性运动专用服饰不可或缺的一部
分。没有品牌的联合和荣誉，运动装产品很
难在市场上控制其价格或传达自己的地位。
这毫不奇怪，男性运动专用服饰行业代表着
一个价值数十亿美元的全球产业链，其竞争
势头强劲，必须比竞争对手领先一步：其他
运动专用服饰品牌。

⬢ 匡威经久不衰的复古风格与其他品牌
的运动鞋相比显得独具一格

匡威全明星系列运动鞋

匡威全明星系列运动鞋也被称为"Chucks"，以美国篮球明星查克·泰勒(Chuck Taylor)的名字命名——标志上有他的签名。这种设计经典的美国鞋于1917年首次生产以吸引篮球市场。这款有橡胶鞋头的帆布运动鞋颜色多样，分"低帮"或"高帮"两种款式。

◑ 耐克公司的"对勾"商标是世界上最知名的品牌标识之一，广泛应用于该公司的运动鞋系列

耐克

耐克是世界上最大的商业运动鞋和运动专用服饰品牌。这家美国公司在1971年推出了它独特的"对勾"商标和"想做就做"（Just do it）的标语。结合技术规范和美学设计，耐克公司与顶尖的运动员进行了大量的合作和赞助。其中最重要的是前NBA篮球运动员迈克尔·乔丹，耐克以他的名字命名，推出了采用空气缓冲技术的"耐克乔丹系列"。耐克运动鞋已经成为品牌街头服饰，并在嘻哈文化中确立了自己的地位。耐克公司有一系列名为"Nike城"的零售概念店，将运动、健身、娱乐和新男士产品结合在一起增强购物体验，这将继续使耐克成为世界上最独特的品牌之一。

锐步

这家运动专用服饰成立于1895年，并于1958年更名为锐步，以非洲羚羊的名字命名，以提升该公司生产高性能跑鞋的热情。直到20世纪80年代，锐步的客户都是精英运动员。事实上，当它于1979年在美国市场推出时，锐步是最昂贵的跑鞋。随着健身有氧运动的发展，锐步开始进入商业主流扩大其吸引力。锐步专注于创新运动鞋，并与知名运动员和明星合作，包括美国说唱歌手Jay-Z和F1赛车手刘易斯·汉密尔顿。该公司最近与意大利时装设计师乔治·阿玛尼合作，将欧洲风格与锐步运动技术结合在一起，推出锐步EA7系列运动鞋和服装。

◎ 鲜艳的色彩和合成材料已成为许多运动专用服饰品牌的特色

阿迪达斯（Adidas）

阿迪·达斯勒（Adi Dassler）于1949年创立了阿迪达斯，其商标是三道条纹，阿迪为了突出他的跑步和足球鞋做了这样一个设计。Samba鞋是阿迪达斯的第一款也是其最独特的球鞋：最初是为坚硬而冰冷的足球场地设计的，很快成为足球运动员的选择。阿迪达斯专注于为田径比赛设计终极运动鞋进行研发，最具标志性的阿迪达斯鞋是Superstar。于1969年推出的这款低帮篮球鞋，其橡胶趾套头被称为"贝壳头"。这种风格很快就应用到都市运动服装上，成为流行体育文化的一部分。阿迪达斯的粉丝包括美国嘻哈团体Run-DMC，他们在1986年创作了《我的阿迪达斯》My Adidas这首歌。阿迪达斯与包括大卫·贝克汉姆、齐达内和海尔·格布雷塞拉西在内的顶级运动员进行了合作。

⬥许多男装消费者都钟情于运动鞋品牌，尤其受到时尚群体的喜爱

彪马（Puma）

彪马公司成立于1948年，因其高质量的运动鞋和创新使用的CELL技术而闻名于世。1985年，年轻的鲍里斯·贝克尔(Boris Becker)穿着彪马鞋赢得温布尔登网球锦标赛。在20世纪90年代，彪马推出了Mostro生活时尚鞋系列，并与时尚设计师简·桑德合作，以巩固其运动生活时尚品牌的地位并任命时装设计师候塞因·卡拉扬（Hussein Chalayan）作为创意总监进一步支持其品牌风格的认可，通过合作巩固了彪马作为高端运动时尚品牌的地位。

GOLA

GOLA是一家足球鞋制造商，于1905年在英国的莱斯特创立，是英国第一家体育品牌。在20世纪60年代和70年代，Gola鞋获得足球、网球、板球和橄榄球名人的认可，该品牌的声誉得到提升。在这段时间里，Gola以其巧妙的营销策略发展了一系列的运动包，这些包在比赛中被分配给队里的物理治疗师，这样当他们在球场上奔跑时，Gola的标志就被看到了。在20世纪70年代，Gola包变得非常流行，该品牌以其标志性的Harrier训练鞋闻名于世，很多运动人士都穿这款鞋，使其成为一种街头时尚。

◐尽管国际品牌占据着市场主导地位并且拥有明星代言，一些小众品牌仍在运动鞋市场上的给自己定位

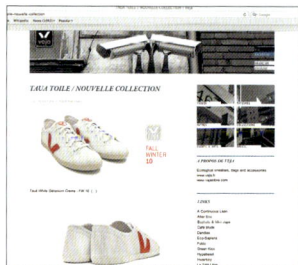

鬼冢虎Mexico 66

1966年，日本篮球队穿着Mexico 66在墨西哥奥运会上亮相，它是由设计师鬼冢喜八郎（Kihachiro Onitsuka）于1949年在日本神户创立，代表着创新和传统的巅峰之作。这种篮球风格的鞋有着独特的条纹设计，鞋底是由章鱼触须上的吸盘启发而成的。自1966年以来，鬼冢使用和服面料开发了他的鞋子，并添加了sumi书法和applied tsuri制造工艺，为这款标志性的、令人喜爱的复古风格的鞋子运用了传统的日本设计。

Veja

自2005年成立以来，Veja通过其生产的对环境影响尽可能低的环保运动鞋来保持其绿色资质。该品牌将有机自由贸易产品（包括巴西合作团体的有机棉）用于鞋的帆布鞋面以及将来自亚马逊河上的天然乳胶用于鞋底。Veja的"绿色运动鞋"还包括该品牌的生态皮革系列，该系列于2006年推出，只使用有机化合物鞣制的皮革。

Cruyff

当传奇荷兰足球明星约翰·克鲁伊夫(Johan Cruyff)把目光放到传统运动鞋以外时，他决定开发一款兼具功能与款式的鞋子。作为一名顶尖的运动员，在与意大利设计师Emilio Lazzarnin合作时克鲁伊夫运用他独特的理解增添了一些风格元素。在1988年的汉城奥运会上荷兰队穿着Cruyff鞋，而这种鞋则演变成了街头服饰。其主要运动鞋款包括Vanenburg、the Bergkamp DB 86、the IndoorClassic和The Recopa。

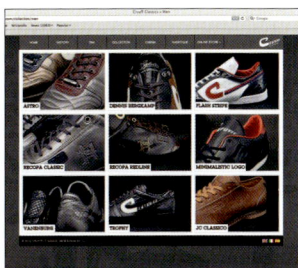

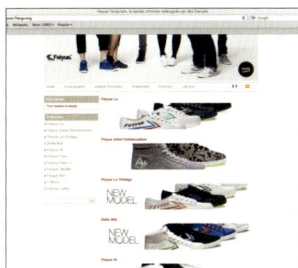

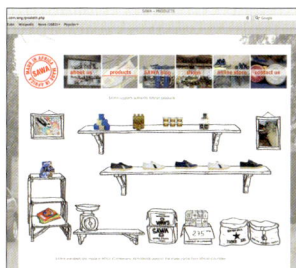

飞跃（Feiyue）

　　Feiyue的中文字面意思是"飞"和"跨"，翻译为"向前飞"。这个品牌有着独特的文化传统，历史可以追溯到20世纪20年代，首批鞋在上海生产。Feiyue最初的吸引力在于它跨越了中国的所有社会阶层，甚至被武术教练穿着。帕特里斯·巴斯蒂安（Patrice Bastian）和他的法国团队重新发现并推出该品牌，并于2006年将其带到欧洲。在与中国工厂的所有者合作下，法国团队保留了许多原有的工艺，以实现真正的"复古"外观，包括使用专用的熔炉来模拟硫化鞋底。传统的、轻便的运动鞋已经融入了法国设计的感性，生产出了令人羡慕的运动鞋系列。

Sawa

　　Sawa不仅仅是一双带有花哨标志的男士运动鞋，它是一个独特的非洲品牌，正在努力振兴和激励非洲的新兴经济体。Sawa在非洲大陆成立并制造，是非洲国家之间的合作项目，也促进了非洲内部的商业活动。这表示他们要采购尼日利亚的皮革、埃及的橡胶、突尼斯的蕾丝、南非的包装和来自喀麦隆的帆布，并在喀麦隆制作。Sawa通过联合其独特的物料来源，已经成功地将自己的鞋子立足于竞争激烈的运动鞋领域。这与在欧洲、北美和日本高端时装店购买复合运动鞋的消费者产生了共鸣。

Mottainai

您从哪里获得设计灵感?

从几乎任何没有流行文化或公司产生的大规模污染的事物上得到灵感……大街上的一块烂砖或朋友的一幅油画,灵感需要新的眼光。

你推动可持续发展的动机是什么?

我们促进可持续性的动机仅仅是希望明天会更好。几十年前人们就已经知道几乎所有的东西都会用完,所以系统必须重新设计。我们都必须尽我们的一份力量。

您是如何获得材料并进行生产的?

住在布鲁克林,在纽约工作,可以很容易地接触到供应商和代理商,无论是在贸易展览会还是展示中心。纽约对于与服装行业有关的几乎所有东西都是一个巨大的吸引力。

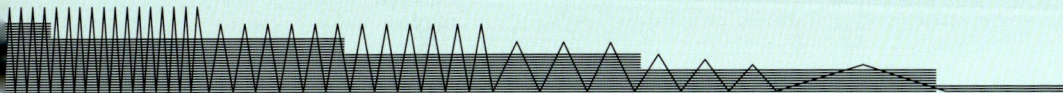

问：谁会成为Mottainai典型的顾客？

　　答：一个懂得环境管理的重要性，重视高品质产品的感觉和鉴赏力，即它们被设计得穿旧，而不是截然相反的穿过时的人，慢生活的人，等等。

问：你未来的计划是什么？

　　答：继续制作服装，并尽我们所能把它们提供给真正有需要的人。

Ijin

○ Ijin原料是由英国独立牛仔裤制作人Philip Goss（菲利普·高斯）提供的极具原创性的一款丹宁布

谈谈您对牛仔裤的热爱。

我已经获得了几项定制荣誉，而在St Martin，我则培养了对基本产品的热爱，比如军事复古风格和工作牛仔裤。它们与传统、手工和对于经典的个人诠释交织在一起，定制得到允许和鼓励。这些激情最终被应用于概念牛仔裤的制作。

Ijin是指什么？

这是一个古老的日语单词，曾经用来将某人形容为陌生人或局外人，有时可以描述某人是"害群之马"。Ijin的定义即是这个品牌的理念： Ijin故意扭曲丹宁布的技术规则，以一种现代但另类的方式呈现经典的靛蓝丹宁布。Ijin靛蓝丹宁布完全忠于传统牛仔裤的制作方法；不过，Ijin原料的个性主要集中在"半人半神"的标志上，这标志着Ijin的非规模化产品实际剪裁方式所固有的对称折叠技术。

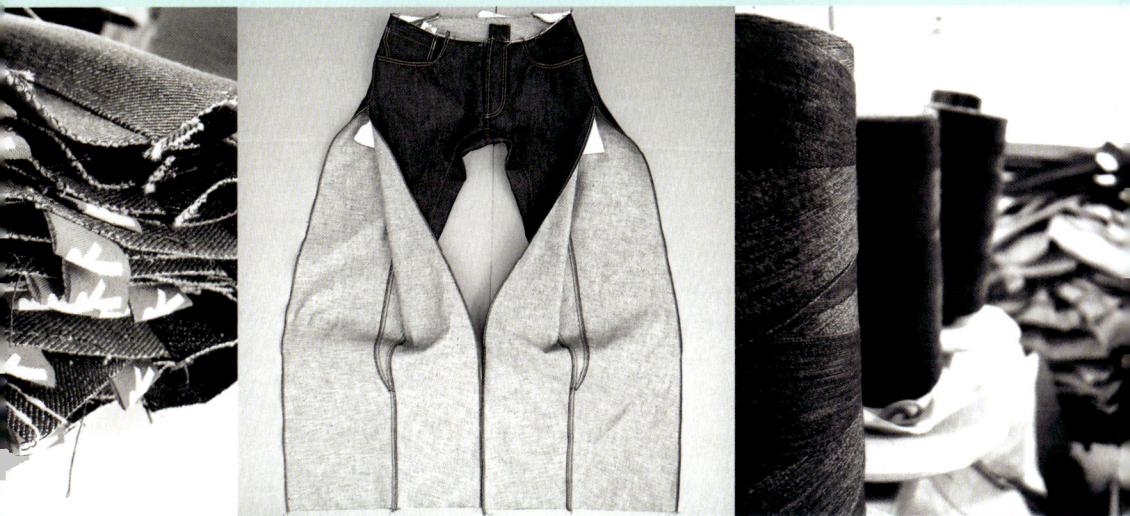

谈谈您的丹宁布慢生产方法。

专业的丹宁布慢生产在意大利手工作坊中运行，主要针对手工制作的限量版和单品的生产运行。在这里，我们有限的技术人员专注于人工操作。Ijin的原料都是手工装配的，没有机械化的帮助。

您使用哪种类型的丹宁布？

Ijin非常关注丹宁布的真实结构。布型是为其编织特性而选择，而不是为其洗涤性能。由于剪裁方式和布料搭配，Ijin折边裤腿可以以一种完全独特的方式呈现腿型。这个过程称为"调味"。我们也为选定的标准型号使用各种窄幅织机丹宁布；这些都是最正宗的丹宁布。它们在宽度为27~29英寸的老式机器上编织而成，并具有缺陷和不规则的自然属性。

以您专业的观点，您认为是什么造就了一条很棒的男士牛仔裤？

实际上，像任何艺术一样，牛仔裤的制作就是关心和体贴。关心谁做你的牛仔裤。男士高档牛仔裤（具体来说）无关乎修身，更多的是关于沟通：制造商的整体历史应该体现在牛仔裤上；如标准Ijin牛仔裤的布边类型或研究线上的"折边"剪裁方式。

谈谈您的"折边"和"裹腿"的剪裁技巧。

我所使用的高度专业化的"折边"方法是裤腿布料整片打开剪裁，以更结实的经线为中心；类似于裁剪纸链人的概念。以这种方式剪裁，裤腿在膝盖附近达到45度偏差点。（传统裤腿的经线在侧缝的直纹上，这只会消耗布量而不会合身。）这样裤腿会自然地塑造成你的形状，即使是未洗过的日本编织丹宁布，也会创造出一种内在的柔软。折边剪裁是Ijin独有的。

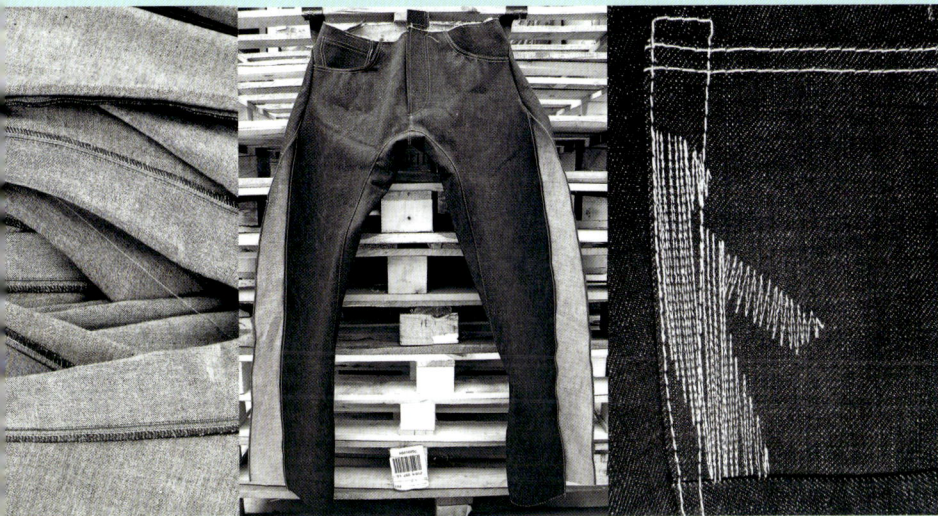

　　"裹腿"的方法包括裁条笔直但折叠起来的外侧裤腿。每条裤腿用一块布来裁，并且卷边干净，走内缝，商标不在侧缝。膝盖到臀部打褶代替侧缝形成约克，因为当它能形成后部轮廓的形状。这些由10个关键纸样裁片组成，包括三个口袋。这种方法的特点是，当里边向外翻的时候，不会看到任何未完成的接缝。

您对该品牌的未来计划是什么？

　　Ijin独立经营已经有六年了，畅销于世界上最好的商店。计划是一直持续如此……

一个人应该是

一件艺术品，
或穿
一件艺术品。

奥斯卡·王尔德

4

设计男装需要一套技巧，包括欣赏微妙的、有时是相互矛盾的影响因素。本章旨在对男装设计提供一种批判性的方法。它始于引导设计男装的主要原则和实践的研究过程，包括使用写生簿、交流设计以及遵循从理念到实现原型样本的关键路径。对男装设计的影响进行了进一步的探讨，同时也讨论了男装绘画和展示技巧。与设计师的访谈为不同男装市场的发展动力和力量提供了更多见解。

男装设计的研究来源

对男装设计的研究是一个多方面的过程，在设计灵感、性别角色、功能和最终定义客户或市场之间建立联系。

男装具有丰富的历史和悠久的传统，可以为男装和女装设计师提供丰富的灵感来源。今天，更广泛的主题，如工作和休闲活动、一致性与不一致性、运动、音乐和军事影响以及街头风格都丰富了当代男装，具创造性的张力，这可以通过设计来测试和探索。

设计男装的过程可能会采取不同的形式，但基本上遵循从理念概念到最终服装或服装系列的一个关键路径。男装设计是一种跨不同商业模式和市场层次运作的营利性事业。它的成功可以通过销售来衡量，但是优秀的设计有能力通过推广诚信和提供创意来超越商业性。设计师应该通过创造性思维和对实践技能的理解来实现这两种属性。

◗灵感板可以作为视觉研究的起点

设计研究

研究涉及识别、收集、分析和解释材料、流程或想法，并以此构成设计过程。研究探索的是灵感与设计成果之间的空间。设计研究应该利用"灵感"并将其引向设计应用或设计解决方案中。有效的研究确实是良好设计的基础，大致可分为初步研究和次级研究。

初步研究

设计的初步研究是指由设计师确定、收集和综合的原始来源或材料。例如，这可能包括直接从研究某博物馆的一套盔甲来获取图纸，或拍摄一件雕塑的原始照片来记录和分析其形状和构成。识别和收集视觉和书面数据的过程是初步研究是不可或缺的一部分，设计师和原始来源之间不需要中介。

◐ ◑ 由Shefa Rahman提供的男装概念
图片上的样布

次级研究

次级设计研究是指收集和综合以前发布或提供给他人的材料或数据。这可能包括在意大利佛罗伦萨的国际男装展等贸易展览会上展示的关于男装色调或季节性面料的趋势预测信息。次级研究是获取信息的有效途径。它是一种中介数据源，通常需要设计者进行个人的诠释和分析。

利用初步研究和次级研究的来源组合是男装设计行业许多领域的标准做法。

○哈罗德·海尔格森的手稿

灵感

尽管灵感常常被称赞为设计的重要组成部分，但如果缺乏有效的引导，它就可能会成为一种含糊不清的手段。学生通常会先寻找灵感，然后将其应用于主题。在男装设计中，首先确定一个主题或设计问题，通过系统的研究方法寻求灵感，并将初步和次级来源结合起来，也可能是一条可行的途径。

男装设计灵感可以包含从历史和当代文化中吸取的许多方面。这里列出的一些灵感来源可能会提供一个起点。

历史服装

调查男装服饰的起源和关联，如18世纪男士马裤的剪裁或军装外套的功能性细节，都是一种启示，有助于设计师超越当代的参考点拓展思维。反过来，这也会导致以过程为主导的设计研究形式，在工作室里探索和测试实用技术，并记录在速写簿中。服装上的设计细节尤为重要，这常常反映了男装的精妙之处。旧货店和跳蚤市场也可以提供找到可以分析和重新解释的"正宗"原创服装的机会。

○哈罗德·海尔格森的数字样贴效果图

面料

面料应始终是男装设计师灵感和工作流程不可或缺的组成部分。收集并测试自己识别各种各样的面料是个很好的做法，会为你提供良好的帮助。男装设计师在头板样衣的生产中使用面料。精心挑选的面料可以使一个好设计和一个真正鼓舞人心的设计之间产生差别。了解面料的分类、性质和特点至关重要。面料应该总是能给你的设计提供灵感。

摄影

摄影的视觉词汇可以为男装提供丰富的灵感和想法。一幅肖像或纪实摄影师的作品，可能会被摄影师捕捉到亲密时刻或多元的文化视角、过去或现在往往能启发并提供一个想法形成的起点。摄影也能唤起强烈的情绪和情感，为概念脚本或系列产品设定基调。在速写簿上画一张照片可能会揭示一些重点，有助于将灵感融入设计的焦点。

展览会和博物馆

男装与时尚界的所有领域一样，有时需要超越自身的规则，以刷新自己并产生新的想法。除了参观展览或博物馆所能提供的巨大文化价值之外，这些公共空间也可以成为设计师灵感的无限源泉。它们提供不同的主题内容，从多样的艺术展览和永久馆藏到超越社会、文化、历史甚至政治环境的特别展览。正如所有灵感一样，能够适应国际视野非常重要。

电影、电视和平面媒体

可以说，电影、电视和平面媒体是反映当今社会风气的文化晴雨表，而它们也影响和塑造了当代文化。媒体的影响经常被趋势预测公司和快时尚连锁店采用相同措施"挑起"。媒体对男性偶像、英雄和包括音乐家和体育名人在内的知名人士的描绘和推广，持续影响和激发了男装领域，无论是直接的还是间接的。

互联网与数字通信

快速发展的技术，包括互联网与移动通信，正在给男装的部分方面以灵感。由于用户生成的视觉内容博客及图片托管网站，如福利客（Flickr）的兴起，证明了互联网的直接影响以及对于男装的影响。尽管有一些对数字鸿沟的抗议，但很多人会发现以男装为主的网站是丰富的灵感来源。这点在街头风格上体现得尤其明显，博客作者直接挑战了曾经占据主导地位的印刷媒体版式，并提供每日上传。

结构

建筑设计与室内设计仍然是很多设计专业学生所喜爱的重要设计灵感来源。这也许是因为男装和它们一样，都是与三维模型、平衡、比例、合适材料的选取以及完成结构后能够保持其持久的吸引力有关。它无疑能够提供丰富的灵感来源，可直接导入草图，并可在设计工作室中通过各种工艺进行测试，如打褶、折叠及绗缝等。

◐ 哈拉德·海尔格森的系列作品

旅行

其他国家和文化能够提供巨大的灵感来源，因而许多男装设计公司都鼓励他们的设计师四处去旅行。参加国际贸易秀和展览，都是获得设计灵感的常见方法。这可能还包括参观海外零售商店或获得更广阔的文化体验，即使是其他国家或文化的风景和声音，也能够启发设计师对市场或流行风格的鉴赏。男装的色彩与面料偏好，可以因地点的不同而不同，并具有民族特色。

街头文化

男士服装与男性同龄人群体以及反主流文化的着装之间的紧密联系众所周知，并在许多书籍和博客中有着形象化的记录。在许多设计学生眼中，街头文化是一种流行的灵感来源，同时也激发了更多男装品牌的建立以及对男装造型的影响。这些年来，它的成功形成了复古男装的巨大市场，其中真正的"原版"已经变成了令人向往的商品，并激发了再版风潮。不管怎样，街头文化存在的意义是，在季节性趋势和正式服装的传统之外保持独立。

⚫街头文化的青年导向诉求，与其反叛的倾向，继续使其成为一种流行的灵感来源

设计开发

设计的开发涉及通过一系列的实用工艺来测试一个设计理念；它是从概念到首个样衣的成形的关键途径。男装设计师是在大规模生产或个人定制的创意实践与头板样衣制造之间进行工作。

设计开发需要建立起男装设计师与整个拓展团队之间的一系列工作关系，其中可能包括样板师、样衣缝纫师、裁缝、服装工艺师、买手、销售以及批发商和零售商。这是一个以设计师为核心的团队工作。有效的设计开发会考虑到导向一件服装或一系列服装生产制造的设计过程的所有方面。而且，男装设计的某些板块，如剪裁，有其专门的制造工艺。

对于大多数男装专业学生来说，设计开发通常是从收集与解读灵感来源开始的。男装设计开发中不可缺少的要素之一就是使用手稿册的能力。

手稿册

　　手稿册是男装设计师最重要的工具。一本有效的手稿册中，提供了设计思路的演变故事以及在工作室中的实践，包括草图、施工图、面料样本、色彩分析、小批量样衣、技术信息、工作室中拍摄的照片的初始成像、灵感图片的次级成像以及评估笔记与批判性反思。

　　手稿册应能够保证思维的流畅，并能够以一种自然的方式来测试和探索想法。手稿册的独特本质应是鼓励所有学生利用它，通过独立思考、好奇心与观察、想象力与批判性思考的结合，构建出一种个性化的男装设计方法。

　　随着时间的推移，经过持续的个人调查与研究，手稿册将能够直接提高设计过程。在最理想的情况下，手稿册甚至会成为设计师的独特资源，拥有支持和阐明个性化的设计开发方式的能力。

○布兰登·格雷厄姆的线描设计图

男装设计面料

对面料的认识是好的设计实践的关键。当今的各种面料和后整技术，可以刺激和提升男装设计的创意过程。选择"正确"的面料是设计过程中的一个关键要素。

当采购男装面料时，问自己以下一系列问题是有必要的：

- 面料手感如何？

- 这种面料适合做成什么？

- 这种面料是由天然纤维、人造纤维还是两者结合的纤维制成的？纤维含量将决定之后面料的性能。

- 这种面料是应该水洗还是干洗？

- 这种面料悬垂性好不好？

- 这种面料该如何缝制？

- 这种面料是否会缩水、磨损或有弹性？

- 这种面料是否达到性能标准？如果是，使用它的话将意味着什么？

有些工艺精整可以提高面料的性能，但是可能会需要额外的缝纫和精整技巧。

在挑选和设计一种头脑中选定的面料时，以下几个方面有必要进行更详细的考量。

⬤ 对面料的了解及细节的关注，对于男装设计来说是必不可缺的

编织式样

织物的结构将显示出一种面料的悬垂性能以及它可能的缝制方法。识别出主要的织纹组合，包括平纹织物、斜纹织物、人字形平行花纹织物、方平织物与小提花织物，对于开发对面料的认识来说同样重要。你可以通过检查面料的两面，来确定正面开始。这通常可以通过检查布的织边来确定。有些两面都精整过的面料被归入"双面"织物，而有些则有有明显差异的反面。机织面料为男士提供了广泛的选择范围，并与如平针织面料的针织面料不同。

织物质地

了解织物质地从处理面料开始；选择面料是一种触觉体验。它是有绒毛的吗？如果是，它将会被作为单向面料进行切割。它是有图案的或是有条纹的？这也将影响你匹配和剪裁面料的方式。

重量

掂量一下你打算使用的面料，感受其轻重，是很好的实践方式。用这种方法，你还可以测试面料的悬垂性能。确定和理解面料的重量，是设计过程中的另一个有用的部分。

宽度

在购买或剪裁之前检查你所选面料的宽度是很重要的，否则你最终可能会发现为你的设计购买了过多的面料或是面料不够的情况。面料的宽度可以从90厘米的衬衫面料到150厘米的西装面料不等。有些衬料仅提供窄幅的宽度。

后整理

有各种各样有时适用于个别面料的工艺，如防雨淋和防水或起绒的表面，上浆或防缩水的精整。后整理会有所不同，但会极大的影响面料的穿着和手感，且应在最终使用前不断地在样衣室或制造单元中进行测试。

颜色

面料的颜色应始终在良好的自然光下进行观察和比较。为面料选择颜色或色调，很大程度上是个人或顾客的选择。颜色的选择，也是一个将会对最终设计有着决定性影响，有时可能还需要色彩搭配的关键设计功能。

价格

面料价格应考虑到成本和市场需求，尤其是对于一个服装系列或目标客户群。建议男装专业的学生通过拜访零售竞争者或直接批发商，来比较相同质量的面料价格。购买不必要的昂贵面料没有任何意义；更重要的是，在一个单独的系列中所选择的面料可使系列保持一致性。

剪裁与修身

剪裁与修身公认的基本原理是，服装需要解决人体在三维中运动和连接的问题。在男装中，剪裁与修身产生出一种特殊的共鸣，一方面是由于正式男装成衣业的竞争传统，另一方面则是由于非正式运动服装的更加舒适的样式。

区分剪裁（Cut）和修身（Fit）两者之间的区别很重要，因为一个并不会自动引发另一个。剪裁可能被用于所有并不真正修身的服装。剪裁还从最宽泛的意义上描述了男装，即从宽松的衣服到按照人体进行剪裁的风格。因此，男装的设计开发过程要求了解剪裁和修身，以及两者之间的关系。只要仍有剪裁和修身的测试和实验的空间存在，就没有真正可以替代通过立体剪裁和平面剪裁的学习技巧。

○ 布兰登·格雷厄姆的手稿展示出男装系列的线条和剪裁

与剪裁和修身相关的设计问题，还需要考虑到所有在当代男装中所使用的机织、针织和弹力面料的内在差异。它们每一种都拥有自己的独特性能，应当在设计过程中的每个阶段得到考量，从最初的草图或线描到第一个样衣的成形。这要求设计师对每种面料可能在缝纫和制作过程中会出现何种反应，以及它们合适的最终用途有着技术性的了解。

与之相关的一个问题则是理想的或期望的体型。虽然这受到社会、文化以及年龄限制的影响，但男装设计是一个不断演变的过程，会受到流行品味和季节性趋势的影响。我们已经注意到民族特色和修身偏好使得剪裁成为区分一个个裁缝店的标志。最终，设计师的角色就应永远是完成符合当代及与当代相关需求的剪裁和修身。

线条与比例

男装中的比例是指一套服装的组成部分之间的相互关系。线是指缝和省道的位置，它们提供的是必需的外形以及整体的视觉定义。它可以帮助识别出一件衣服上三条主线的不同。第一条线是服装的轮廓线或外边线；这通常给人提供一套服装的第一印象，是巧妙外形或着重突出的结果。第二条线是指服装的款式线；明显可见、移动或隐藏的缝线和省道的位置，是设计的一部分。第三条线是指服装上的细节。在这点上，男装的显著特征是丰富的功能细节；这些功能细节包括了一系列口袋、门襟、纽扣及其他实用的细节，其中一些细节是参考了军事装备中的功能。最终，这三条线都有助于服装的整体设计。

男装设计师还必须解决人体的比例和平衡问题。这会在之后通过打板过程中得到验证，但是会通过设计的审美过程进行初步的评估和考察。男性比例通常偏好强调胸部和肩膀部位。这是历史上男装反复出现的一个特征，至今仍然为男装设计师提供推动力。许多设计师通过衬料、接缝、色块的结合及垂直线条的使用，来试验和探索肩膀部位的设计。衣领和扣件同样也可以帮助定义上身线条，并可以强调一件服装的整体比例。

⬢ 布兰登·格雷厄姆的男性运动装的计算机增强图

曲线往往让人联想到女性，常常与女装联系在一起，而有棱有角的线条则常用于男装，用来强调男性外形。这通常可以通过更直的接缝线和不规则的表面和纹理来进行体现。男装设计师经常试验和探索最佳点，以达到垂直形式的延伸。这可以通过一系列工艺和技术来实现，如通过使用条纹面料或引入垂直接缝或褶皱在图案中添加垂直线条。

虽然男装可以容纳不同的线条和比例，但是最不朽的设计往往是经过深思熟虑和良好平衡的。通往预期设计的路径，也应由建立原始纸样来进行测试。

样板制作

样板制作是设计过程中的一个关键步骤。它包括了将一个想法从技术设计图或草图中转化成一个三维样衣或第一件样衣的整个过程。平面样板制作需要精度和准确度。它通常是基于标准的测量，标准尺寸系统中的所有样板都按照尺寸被放码，并用于成衣生产。定做或定制的男装也使用样板，但是所用的样板是为每位客户单独制作的。你可能不需要考虑放码，但了解如何进行测量并将其与样板相关联是很重要的。大多数男装专业的学生是在标准尺寸上进行作业，例如，胸围40英寸和腰围32英寸。

一块剪裁样板［在美国又被称为服装尺寸样板（Sloper）］的主要功能是提供一个可以从中生成原始纸样的基础形状。选择一块正确的剪裁样板，可以使得设计师能够在不破坏纸样整体平衡的情况下，进行必要的调整。已经画好线条并修身的剪裁样板，应能够使得制板师专注于造型和设计的细节上。一块合适的剪裁样板或原型应提供想要的线条与基本修身需求，及所有技术信息，如样板上的布纹线。每个独立样板都有的不同的缝份；以及包括剪口在内的用于匹配样板的平衡记号。

不同类型的样板块

一个标准的样板块是基于标准测量系统的基础样板。它提供了比例和修身的基础，而非风格。标准的样板块通常是作为基本样板进行制定的，这就意味着它们并没有任何缝份（折边）。

生产板是根据制造单位的要求由标准男装样板改板而来，它通常包括便于裁剪和生产工艺的缝份。

裁剪样板是一种特制的样板，通常能够适应一些操作工艺，如衣领的成形。

样板开发

学生们经常被鼓励去将平面样板制作与作业直接在工作台上结合在一起，要么采取进一步的测量，要么测试和比较样板与服装人体模型的不同。一个的普遍原则是，即使是在二维中进行作业，也要尝试在三维图形中设想服装的修身情况。通过想象，样板的绘制成为一个更具有创造性的过程，即样板设计。以这种方式创造出第一个样板——样衣样板——应是一段令人愉快的、值得的经历，使得基础样板或主设计图能够按照需求尽情改变。

薄麻布（Toiles）

薄麻布［在美国被称为薄细棉布（Muslin）］是一个三维的样衣。准备一个薄麻布能够使得设计师评估精确度和所准备的样板的期望修身度。在尝试裁剪面料之前，所有的样板必须能够良好的贴合在一起。"薄麻布（Toile）"这个名字来源于一个法语词汇，是指一块布，通常情况下是亚麻布；但是它能够和面料一样描绘样衣，因为薄麻布可以由各种质量、结构和重量制成。

薄麻布应总是以相同的重量和结构制成预期的最终样衣。比如，如果所预期的最终面料是针织面料，那么薄麻布面料就也应该由平纹单面针织布制成；它还应按照针织面料的步骤进行剪裁和缝合，例如，使用圆珠笔针，用编织带加固针织接缝。本色白棉布通常用于机织面料。白棉布的重量和手感应考虑到预期的最终面料相符，并使用相同的缝制工艺进行缝合。如果一件衣服是沿着真正的斜线（与布纹线呈45度角）进行剪裁，那么薄麻布应同样以此精确代表最终面料效果的方式进行裁剪。

白棉布适合在检查修身情况时，标记任何改动或风格线。严格判定一块薄麻布，对避免事后出现错误或不修身问题来说，是很重要的。标记在白棉布上的改动可以直接转换到样板上，并在之后的必要情况下进行调整。薄麻布可以放在服装人体模型或真人模特身上进行观察。它们也可以作为一个系列的复查或整体外观传达的一部分进行观察。

当你在工作室中作业时，记录好你的薄麻布是一个良好的习惯。其图片可以添加到你的手稿册中，来帮助你的设计开发，并将有助于对进行中的工作进行批判性反思，以便准备好最终样衣的生产。

'穿着上的疏忽是道德上的自杀'
——奥诺雷·德·巴尔扎克

▶ 马洛·拉尔森的系列组图

最终样衣

最终样衣代表着样衣室或设计工作室的设计过程的顶峰。它们应被成功地完成并解决所有问题，以便可以提交给买方、报刊杂志或私人客户。作为系列时装提案的一部分，最终样衣还应传达出一个与整个系列相一致，且适合于预期的市场或客户基础的条理清晰的色彩与面料故事。尽管制作最终样衣的实践与理念可能也适用于某些订做的裁缝，但它更常用于生产成衣男装系列。

◉马洛·拉尔森的系列组图

长期经营计划

在所展示的主题或商品类别中，最终样衣通常被视为系列时装提案中的一部分，并通过长期经营计划来直观定义。长期经营计划涉及在实用、商业的考量与审美间的平衡。因为制作样衣需要耗费时间和资金，所以有必要考量系列时装中每件最终样衣的角色和商业价值。和所有服装一样，男装系列可以通过编辑和销售规划，到达最佳产品组合来获益。除非你是一个专业的裤子制作人，在只提供少量夹克或上衣的情况下，提供不成比例的裤子款式，销售多种面料，你将没有优势。结果将会是一个不平衡的系列。

虽然系列时装的本质是给客户提供选择，但它同意应该是平衡的，并传达出一个统一的特性。系列时装的特性通常是通过设计主题来呈现，最终样衣也同样应该在流行趋势、面料和造型特征中寻找平衡，以呈现出一种全新的、现代的时尚。合体度应整个系列保持一致，以便夹克能够与裤子或大衣或派克大衣风格相搭配，并有着相同尺寸。对于男装专业的学生来说，最终样衣中应补充一个作品集，其中包含照片和插图。

作为指南，男性时尚人物绘制的比例夸张度要比女性人物稍低一些。虽然男性的身体较女性身体来说更宽一些，但是除了肌肉结构外，两者的垂直比例是非常相似的。男性躯干要比女性躯干画得略长，而胸部略宽，腰部则更大且位置更低一些。高度可以加在腿上而非脖子上。肩膀应更宽阔，脖子粗大。手、膝盖和脚都应画得相对突出。

男性绘制

当你在人物写生时，在开始绘制前先学习人物姿势很重要，你一定要记住没什么能够替代对每个姿势结构要素的分析。从素描一位男性人物的轻松姿势开始。然后在此基础上将重量转移到一条腿上的典型的时尚姿势。这使得动作能够连贯的"流"过身体。然而，为了使得人物看起来平衡，轴线（也被称为平衡线）应从脖子底部到支撑脚根部垂直向下。当绘制一个站立的人物时，轴线决定了重量的分布以及男性人物的平衡。当重量均匀分布时，平衡点会落在两条腿之间的位置。记住，由于男性的骨盆不是那么明显，因此在画支撑腿时，其弯曲程度会与女性的不一样。

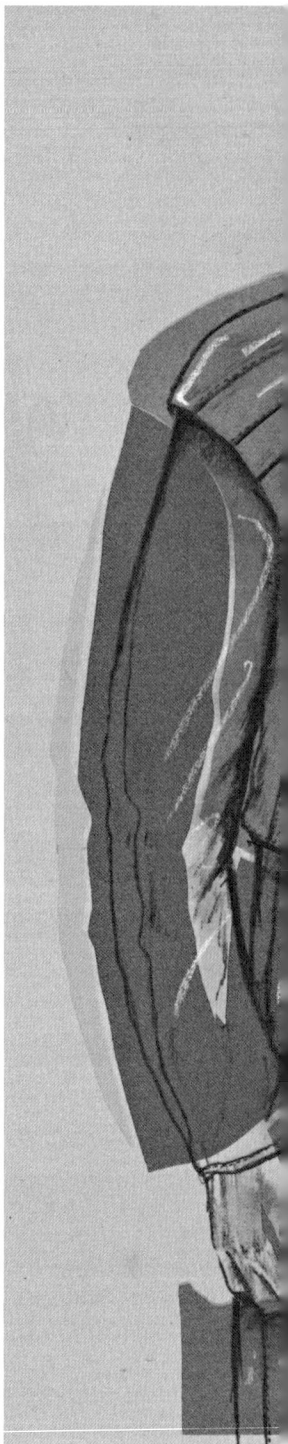

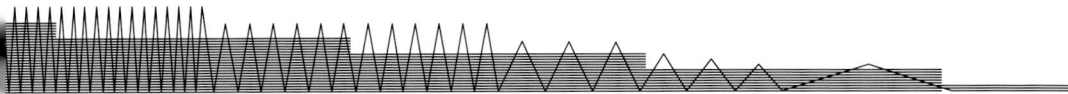

在绘制男性人物时，肩膀与骨盆的倾斜度应该没有女性的那么夸张。只要确保肩膀和上胸部总是比臀部更宽，以便塑造出一个有棱角的躯干形状就可以。逼真的面部和服装细节在男装插画中更为典型。面料的呈现手法同样很重要，应该考虑到构成现代男装的各种面料。当一张插画中需要一位更加成熟的男性时，可以在躯干和肩膀处多增加一些额外的体积。

由于男性服装在某些方面的微妙之处，以及由于男装的姿势较女装来说更不那么程式化，因此男装插画师们需要拥有一双能够捕捉合身度和细节的眼睛。例如，表现肩线的形状或驳领的宽度，在绘制一件男装西装时是非常重要的。

构图与视觉布局

为了能够清晰地传达信息，男装插图的构图和视觉布局应进行仔细考虑。插图可能是艺术性的，如插画；或者更有技术含量的，如男装平面图。将你的作品板直观地与项目联系起来，是很好的做法。

男装展示板上的视觉元素通常是手稿、面料样本、照片、装饰物和书面文本的结合。这些元素在页面上或展示板上的排列，是由正图像和负空间的原则所决定。正图像直接是指主体。这在男装设计中可能是男性时尚人物或者是服装的平面图。负空间是指主体之间和周围的空间。负空间是视觉呈现中的一种重要元素；正图像与负空间之间的关系，构成了布局，并决定了最终构图的有效性。

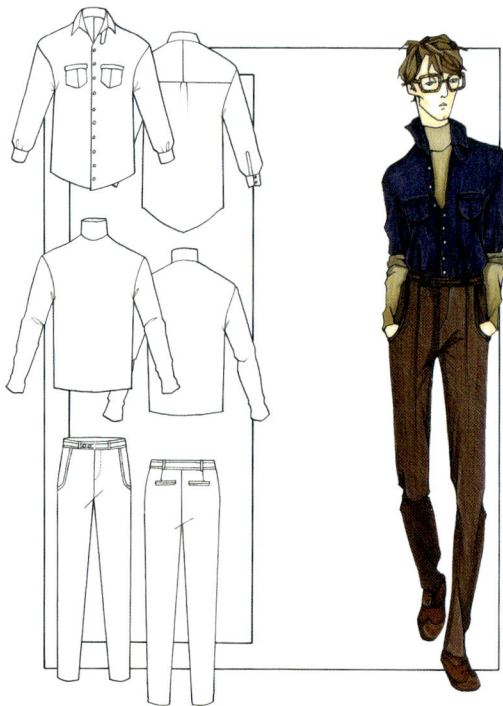

◑ ◐ Design boards
by Marlow A Larson.

○ 狄梦洁的组图

一个成功的男装展示布局，会考虑到所有视觉元素的陈列，以便抓住观众的注意力，并引导观众的视线聚焦到展示上。剪裁面料，添加给人灵感的背景图以及布置有着写实插画的平面款式图，都是有效的技巧。在数字媒体来临之前，草图都是手工绘制的。如今，大多数展示板都是用数字化方式准备的或者转换成数字版本的。这改变了通过数字层面编辑和准备展示的过程；然后可能可以编辑或格式化展示。

学习视觉设计的元素，了解它们是如何在展示板或项目中协同运作，将会帮助你开发和提升你的构图。规划构图和设计布局应始终优先考虑，并衬托出艺术作品的背景和目的。

拼贴与混合媒介

拼贴与混合媒介成为许多插画师的热门选择。拼贴与混合媒介并不是绘画的替代品，但是它们可以扩展手绘的范围和应用场景。拼贴是一种在插画或视觉作品中产生影响的有效方法。最初由艺术家们结合不同形式媒介创作新作品所采用，拼贴提供给了插画师几乎无限制的范围；所有媒介物都可以使用，如照片、扫描的面料、纹理和表面和发现的各种物体。

男装中拼贴很受欢迎是因为，它可以在常见的绘画工具之外，用来创造有视觉吸引力的作品。手工制作的拼贴还包含了可以给最终的插画增加深度的特殊触觉和质地。与

如Photoshop的数码软件格式结合使用，拼贴成为了一种高度通用的方法。数字图形软件的不断进步，使得时尚插画师们能够去探索拼贴的范围和吸引力；如今，很多设计师和时尚插画师结合了现代绘画风格的格式来进行拼贴。

发展拼贴或者混合媒介插画，对于男装来说是一个有创造性的过程，鼓励高水平的个人表达。与大多数创造艺术作品的方法一样，通过探索和实践，这种多方面接触媒介的方法得到了提高，能够制作出一些意想不到的成果，与此同时还鼓励创造力、好奇心和组合技能。

❤ 谢拉·拉赫曼的混合媒介拼贴板

92

ABERCROMBIE & FITCH

EST.1892

Abercrombie & Fitch

谢拉·拉赫曼的混合媒介拼贴板

Abercrombie & Fitch

男装专业的学生将会需要一本艺术作品集，来获得设计师的就业机会。男装作品集应提供一个条理清晰的个人成就的直观陈述，以及表明个人未来的抱负。

◐ ▶ 狄梦洁的作品集页面

内容与条理

内容与条理是一个成功的作品集的关键。一本男装作品集应展示个人优势和能力。通常情况下当4~5个已完成的项目就足以代表你的工作时，这时的关键就是编辑工作的能力。男装作品集可以在风格和形式上有所不同，因此复查内容和条理就是要将作品集聚焦于一个明确的市场或目标受众。

男装作品集的内容可能会包括根据项目主题，对作品和展示板的选择。每个项目应有一个情绪板或概念板，来介绍设计灵感的内容和来源。在所有项目展示中，色彩和面料都应进行详细的考量。平面图对于成衣男装尤其重要，并且应该在所有运动服装项目中占据重要位置。插画提供了范围，但应始终适合目标市场。

除了一个实体的艺术作品集外，一些男装设计师还使用了电子作品集来展示和定做他们的作品。博客和图像托管网站如福利客（Flickr）和艺素（Issuu），如今都提供新平台给男装设计师们，将他们的作品传递给更多的受众。

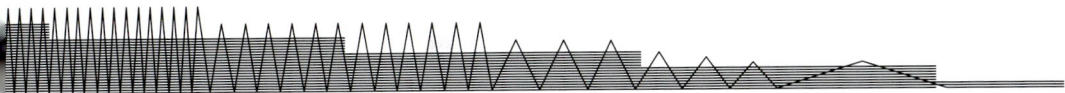

181

吉尔斯·普莱斯（Giles Price）

请描述一下你现在的工作和你的职业路径

我现在在做一个女性综合格斗（笼斗）报道和电影纪录片项目，同时也为英国时尚协会做纪录片。我觉得静止摄影和电影的混合会是我未来工作方向。

你如何描述你的摄影风格？

视觉上看它是逼真的和未加工的，但在其中是有着诗意的。我喜欢这两者的协作，我总是试图与我所展示的和我为什么要展示的内容产生关联，不管是支持还是反对。

什么或者谁激励了你?

莱因霍尔德·梅斯纳尔（Reinhold Messner），尤利·斯特克（Ueli Steck），约翰·格雷（John Gray），詹姆斯·洛夫洛克（James Lovelock），亚当·柯蒂斯（Adam Curtis）。一些在身体上和大脑上不断前进的探索者们。

告诉我一些关于1234狂欢者肖像画的事

1234是我和英国伦敦1234肖德里奇节的组织者一起做的一个项目。我们在现场的一个移动演播室里拍摄了当天参加节日的人们。

拍摄男性时与拍摄女性时有什么不同？

我是以同样的方式拍摄每个人的，这让我在拍摄商业性质的女性照片时遇到了麻烦。关于什么是女性美丽的代表的文化概念，如今是如此之窄，以至于在它们之外的任何东西甚至都不被考量进去；润色已经磨灭了生活和美丽中的不完美，并表达了一种极度风格化的反乌托邦式的虚假整形和公共关系产生的形象品牌神话。这很无聊，而且变得更加温和，并且对观众没有任何帮助。说起这个，它可能会开始改变——我们拭目以待。

你认为，你迄今为止最伟大的摄影成就是什么？

迄今为止我最好的成就是老卫兵：第一次世界大战的最后一位退伍军人和维多利亚十字勋章获得者约翰逊·贝哈里；这两个项目都是直击历史上永恒的时刻，而且不可能再重演。

彼得·延森（Peter Jensen）

彼得·延森男装品牌是什么时候建立的，你在哪里展示你的作品？

　　这项业务是十年前开始的，总部一直在伦敦。在离开大学后，彼得以自己的名字命名他所设计的男装，并与一位意大利经纪人艾欧·博西（Eo Bocci）合作。第一场秀是在巴黎。从这场秀开始，彼得开启了独立工作的旅程，同时制作男装和女装系列时装。接下来的秀是在伦敦和哥本哈根，之后魅可（MAC）化妆品就邀请彼得·延森去了纽约。

你会如何描述这个品牌旗下男装的风格？

　　它是关于经典作品从一个季度到下一个的演变。我们使用了大量的色彩，以及带有幽默元素的诡诞情感的印刷品。这在一定程度上，是结合意想不到的色彩、细节和印刷品的造型所达到的。

你是从哪里得到的灵感？

男装品牌是在女装系列设计之前，就设计出来了的，但是女装作品通常更有指向性，影响了部分男装的外观。我们确实有男装系列的参考资料，包括艺术摄影师、个人风格和每日灵感来源。

你是如何设计和更新你的男装系列的？

我们总是在想我们想要穿什么，我们所想的是否适合品牌形象，以及之前的时装系列中有哪些是受欢迎的。

经典彼得·延森男装的客户是谁？

我认为这个男装品牌的观念很年轻，因为系列中有好玩的元素，但是它也应该会对年长的客户有着吸引力。

你对品牌未来的规划是什么？

我们在不断地尝试改进我们所做的事情，这是一个正在进行的过程。明年将是我们从业十年的时刻，我们正在做一本回顾性的书；这是个非常有意思的过程。

　　男装存在于竞争背景和影响的框架内。对现代男装的了解，需要对其历史演变有一个认识和基本的了解，包括与公共事业和军事着装间的联系。男性着装的规则和微妙之处，已经在男装的正式方面和年轻的、更叛逆的表达之间，给予了一些历史闪光点和创造性张力。

　　尽管男装受到社会和文化力量的共同影响，但它仍然从围绕性别、地位和身份的问题和辩论的解决和面对中获得了动力。设计男装要求批判性的识别、选择、评估和解读这些因素的能力；将一个想法与一系列需要考虑到面料、线条、比例和细节的过程结合起来。正如本书的设计师采访中所展示出来的那样，现代男装设计继续演化着。他们个人的实践揭示了其独特的方法和风格，使得男装得以延续其演化旅程。

　　我希望本书能够激发你的兴趣，并激励你去拓展你自己关于男装设计的批判性意识。

▶汤姆·布朗的A/W 09男装系列时装

［1］理查德·安德森. 定制：萨维尔街上的撕扯与光滑［M］. 纽约：西蒙与舒斯特出版社，2009.

［2］凯莉·布莱克曼. 男装的百年历史［M］.伦敦：劳伦斯·金出版社，2009.

［3］劳埃德·波斯顿.人类的色彩：时尚，历史，基础［M］. 纽约：沃克曼出版公司，2001.

［4］爱丽丝·斯科利尼. 新英格兰的时髦绅士［M］. 伦敦：泰晤士与哈德逊出版社，2007.

［5］海韦尔·戴维斯. 摩登男装［M］.伦敦：劳伦斯·金出版社，2008.

［6］艾伦·弗卢塞尔. 给男人穿衣［M］.纽约：哈珀·柯林斯出版社，2003.

［7］辉吉·哈雅仕达. 学院风［M］.纽约：动力室图书出版社，2010.

［8］格雷厄姆·马什&JP.高尔. 学院风：经典美国服装——插图口袋指南［M］.伦敦：弗朗西斯·林肯出版社，2010.

［9］埃里克·马斯克雷夫. 时髦的套装［M］.伦敦：展馆出版社，2009.

［10］斯科特·舒曼. 裁缝师［M］.伦敦：企鹅出版社，2009.

［11］詹姆斯·舍伍德. 定制：萨维尔街的男人风格［M］. 米兰：里佐利国际出版社，2010.

［12］詹姆斯·舍伍德.萨维尔街：英国定制的裁缝大师［M］.伦敦：泰晤士&哈德逊出版社，2010.

［13］詹姆斯·舍伍德. 伦敦剪裁：萨维尔街定制［M］.马西利奥出版社，2007.

［14］达尼埃莱·塔玛基尼. 巴刚果绅士［M］.特罗利出版社，2009.

［15］奇蒂·薇恩.时尚插画基础：人［M］.罗克波特出版公司，2009.

延伸资源

贸易展览

面包&黄油，德国

breadandbutter.com

当代休闲服饰、街头服装、牛仔与运动服装贸易博览会

比耶拉想法，意大利

ideabiella.it

顶级男士面料的季度演讲

品牌，英国

punelondon.com

青年品牌时装展销会

奇迹，拉斯维加斯，美国

magiconline.com

男士服装与配饰贸易展

米兰男装周，意大利

cameramoda.it/mmu

男士成衣设计作品展

男装周，英国

moda-uk.co.uk

英国当代与主流男装贸易展

男性风格，法国

modeparis.com

男士成衣设计作品展

男性市场，纽约和拉斯维加斯，美国

rketshow.com

男装行业独家展示会

佛罗伦萨男装展，意大利

pittimmagine.com/it/fiere/uomo

高级男装贸易展

第一视觉，法国

premierevision.fr

欧洲与国际男女装面料季度展示会

博客

acontinuouslean.com

asuitablewardrobe.dynend.com

designerman-whatisawtoday.blogspot.com

englishcut.com

facehunter.blogspot.com

ivy-style.com

sleevehead.blogspot.com

theimpossiblecool.tumblr.com

thesartorialist.blogspot.com

thetrad.blogspot.com

youngmanoldman.blogspot.com

期刊杂志

AnOther Man《另一个男人》

Dazed and Confused《眼花缭乱》

Details《细节》

DNR News DNR《新闻》

Drapers《纺织品商》

Esquire《先生》

GQ《智族》

i-D

L'Uomo Vogue《洛莫时尚》

Pop《流行》

Tank

10

索 引

致　谢

我想要感谢所有慷慨为本书提供原始材料的人们，以及那些接受我们采访的人们。

按照字母顺序排列：
卢·达尔顿
狄梦洁
拉斯·加特
布兰登·格雷厄姆
哈拉尔德·海尔森
盖伊·希斯
马洛·拉尔森
罗伯特·林道
卢克·麦卡恩
柯蒂斯·麦克道格尔
克里斯特尔·麦克法兰
吉尔斯·普莱斯
谢弗拉·赫曼
丹尼尔·萨沃里
雷·斯托斯以及
杰拉德·威尔逊

同样特别感谢以下所有人的额外帮助和协助：
露西·巴克
达伦·戴维
雷·哈米特
本田幸子
塞西莉亚·朗厄玛
罗伯特·里奇以及
莉奥妮·泰勒
感谢AVA出版社的每一位工作人员，尤其是瑞秋·内瑟伍德和约翰·麦吉尔

本书已在合理范围内尝试，对所有复制的图片的版权持有人进行追踪、澄清和出处说明。然而，如果有任何非有意的疏忽，出版商将努力在之后的版本中加入。

图片出处说明

第15页　艺术档案馆赞助
第25页　艺术档案馆/巴黎装饰艺术博物馆/奥尔蒂赞助
第26页　格洛弗尔赞助
第28页（底部）　老式口哨赞助
第30页　艺术档案馆/瓦哈卡文化博物馆/丹尼·达格里·奥提赞助
第31页　布林莫尔学院图书馆赞助
第35页　R·班博/雷克斯图片社赞助
第37页　华纳兄弟/科巴尔收藏/弗洛伊德·麦卡迪赞助
第38页　20世纪福克斯/科巴尔收藏/梅里克·莫尔顿赞助
第39页　埃弗雷特收藏/雷克斯图片社赞助
第41页　20世纪福克斯/科巴尔收藏赞助
第42页（顶部）　迈克尔·韦伯/赫尔顿档案馆/盖蒂图片社赞助
第43页　大卫·麦克内里/雷克斯图片社赞助
第44页（顶部）　特里·斯宾塞　卡拉·斯宾塞/伦敦博物馆赞助
第44页（底部）　巴拉库塔赞助
第46页　罗杰·班博/雷克斯图片社赞助
第47页（顶部）　大卫·霍根/赫尔顿档案馆/盖蒂图片社赞助
第47页（底部）　肖特赞助
第48页　理查德·杨/雷克斯图片社赞助
第50-51页　文物研究杂志赞助
第52-53页　卢·达尔顿赞助
第58页　安德尔森&谢泊德赞助
第59页（顶部）　科丁赞助
第62页　迈克尔·霍普当代杂志的达尼埃莱·塔尼赞助
第70页　安德尔森&谢泊德赞助
第73页　理查德·詹姆斯赞助
第75页　Express杂志/档案照片/盖蒂图片社赞助
第77页　利亚马·帕斯/科巴尔收藏赞助
第81页　艾迪·牛顿与时尚资讯网赞助
第83页　AMC/科巴尔收藏赞助
第85页　联美公司/科巴尔收藏赞助
第86页　MGM/科巴尔收藏/克拉伦斯·辛克莱·布尔赞助
第104-105页　时髦花呢赞助
第106-107页　史陶尔斯定制赞助
第111页　科丁赞助
第112页　巴伯赞助
第113页　麦金托什赞助
第114页　艺术档案馆/私人收藏/马克·查米特赞助
第119页　绝版赞助
第120页　赤裸牛仔裤赞助
第124页　华纳兄弟/科巴尔收藏/约翰·恩斯特德赞助
第130页　盖蒂图片社/盖蒂体育图片赞助
第132页　巴塔哥尼亚赞助
第135页　戈尔特斯赞助
第137页　彼得·米佐克赞助
第144-145页　莫泰奈赞助
第146-149页　伊金赞助
第182页　吉尔斯·普莱斯赞助
第184-185页　彼得·延森赞助
第7，29，34，42（底部），66，79，89，93，98，100，116，122-123页 Catwalking.com赞助
第24，95，160-161页　时尚资讯网赞助

时尚资讯网（www.stylesight.com）是一家在风格和设计行业领先的，为创造性专业人士提供潮流内容、工具和技术的在线提供商。时尚资讯网建于2003年，其目标是参与到创意设计和产品开发过程中的专业人士，通过其独特的创意平台中的内容和工具来协助他们，使得其设计之旅更加有效、成本更低廉、更快、更准确。

与

伦理道德

一起工作

林恩·埃尔文斯
纳奥米·古尔德

出版商的注解

伦理学这一主题已经是老生常谈了，但是它在视觉艺术中的考量，并不如它所应该达到的那么普遍。我们的出版本书的目的，是帮助新一代的学生、教育工作者和实践者找到一种方法，来构建他们在这个重要领域中的思考和反思。

AVA出版社希望关于工作伦理道德的寥寥数页，能够为教育工作者、学生和专家们提供一个思考伦理道德的平台，以及一种将伦理问题纳入思考的灵活方式。我们的方法有四个部分组成：

引言部分的目的是让人们从历史发展和当前的主题角度，对伦理学有一个快速了解。

框架部分将伦理学分为了四个方面，并对可能会发生的实际影响提出问题。记下你对每个问题的回答，可以让你通过比较，对你的反应进行进一步的探索。

案例分析部分列出了一个真实的项目，并且提出了一些道德伦理方面的问题，以供进一步的考量。这个案例分析的焦点是辩论，而不是批判性分析，因此没有事先就确定好的正确或错误答案。之后你可以根据你所感兴趣的某一领域，做出延伸阅读的选择。

选择延伸阅读，可以让你对特定的感兴趣的领域进行更细致的思考。

Ethical:
aware-
ness/
reflect-
ion/
debate

与伦理道德一起工作

193

伦理学是一门复杂的学科，它将对社会的责任观念，与一系列与个人性格和幸福相关的考量交织在了一起。它涉及到怜悯、忠诚和力量这些美德，同时也包括自信、想象力、幽默感和乐观。正如古希腊哲学中所介绍的那样，最基本的伦理问题是：我该做些什么？我们如何追求"美好的"生活，不仅会使我们的行为对他人的影响引发道德上的担忧，还会引起人们对我们自身完整性的担忧。

在现代，伦理学最重要和最具争议性的问题是道德问题。随着人口的不断增长，移动和通信方面的改善，关于如何在地球上共同构建我们的生活这一问题应优先的考量并不足为奇。对于视觉艺术家们和传达者们来说，这些考量将会被融入到创作过程中，也并不令人惊讶。

有些伦理考量已经在政府法律法规中或是在职业守则中得以体现。例如，剽窃和违反保密协议都是可以被处罚的行为。各国立法规定禁止残疾人接入资讯或进入空间是违法行为。象牙作为材料的贸易也在多国被禁止。在这些情况下，对于不可接受的情况划了一道明确的底线。

然而，大多数的伦理问题仍有待商榷，不论是专家还是外行，最终，我们都得根据自己的指导原则或价值观，做出我们自己的选择。为慈善机构工作是否比在商业公司工作更道德高尚一些？创造出一些他人觉得丑陋或讨厌的东西就是不道德吗？

以下这些具体的问题，可能会引申到其他更抽象的问题上。例如，是否只对人类有影响（或他们所关心）的事物才重要，或可能会对自然界有影响的事物也会需要注意？

随着时间的推移，即使在需要道德牺牲的情况下，推进伦理后果也是合理的吗？是否必须要有一个单一统一的伦理理论（例如，功利主义的论点是，正确的行动始终是能够让最多人享受到最大的幸福的那个行动），或者可能会有许多不同的伦理价值观，将一个人拉往不同的方向？

当我们进入伦理辩论中，并从个人层面和专家层面去处理这些两难抉择的情况时，我们可能会改变我们的观点或改变我们对他人的看法。真正的考验是，当我们反思这些问题时，我们改变了自己的行为和思考方式。哲学之父苏格拉底曾经提出，如果人们知道什么是正确的，他们就会去做"好"事。但是这个观点可能只会引出另一个问题：我们如何才能知道什么是正确的？

你
你的道德信仰是什么?

你所做的任何事的核心,将会决定你对待周围人和问题的态度。对于有些人来说,他们的道德是他们作为消费者、选民或者专业人士时所做出的决定的积极部分。其他人可能很少会考虑伦理,但这并不会自动将他们归于不道德。个人信仰、生活方式、政治、民族、宗教、性别、阶级或教育程度都会影响你的伦理视角。

用尺衡量一下,你会将自己放在什么位置上?你在做决定时会考虑什么因素?将你的结果与你的同事或朋友们进行比较。

你的客户
你的条件是什么?

工作关系对于伦理道德是否能够嵌入到一个项目中来说很重要,你的日常行为则是你职业道德的一种体现。会产生最大影响的决定是,你首先会选择与谁合作。当谈论应当在何处划上底线时,香烟公司或军火商是经常被提及的例子,但真实情况很少有如此极端的。什么情况下你会基于伦理道德而选择拒绝一个项目,现实的谋生压力在多大程度上会影响你选择能力?

用尺衡量一下,你会将一个项目放在什么位置?这与你个人的道德水平相比如何?

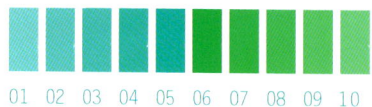

01 02 03 04 05 06 07 08 09 10

01 02 03 04 05 06 07 08 09 10

你的明细单
你的材料有什么影响？

在相对较近的时期，我们了解到许多天然材料处于供应短缺的状态。与此同时，我们越来越意识到有些人造材料可能会对人体或地球产生有害的、长期的影响。你对你所用的材料了解多少？

你知道它们来自哪里，它们运输了多久，以及它们是在什么样的条件下获得的？当你的作品不再被需要，它能够简单、安全的回收吗？它会消失的无影无踪吗？考虑这些问题是你的责任还是与你无关呢？

用尺衡量一下，标注下你的材料选择有多符合道德。

你的作品
你工作的目的是什么？

在你、你的同事和一个共识之间，你的作品会达到什么？它将在社会中获得什么样的目的，它会做出积极的贡献吗？你的工作成果是否会超越商业成功或行业奖项？你的创作能够帮助拯救生命、教育、项目或给人以启发吗？形式和功能是判断一件作品的两个既定板块，但对于视觉艺术家和传达者对社会的义务，或他们在解决社会或环境问题中可能扮演的角色，却几乎没有达成共识。如果你想要获得成为创造者的认可，对于你所创造的作品，你会有多大的责任感，那份责任会在哪里结束？

用尺衡量一下，标注下你工作的目的有多符合道德。

01 02 03 04 05 06 07 08 09 10

01 02 03 04 05 06 07 08 09 10

与伦理道德一起工作

服装设计带来伦理困境的一个方面是，服装生产的方式已经在产品交付速度和现在的国际供应链方面发生了变化。"快时尚"给购物者提供了最新的款式，有时甚至是在它们首次出现于时装周后的几周内，其价格能够让他们只穿一至两次就换新的。由于较贫穷国家劳动成本较低，绝大多数西方国家的服装是在亚洲、非洲、南美洲或东欧，在有潜在不利因素的条件下，甚至有时不人道的工作环境下制造。

一件衣服由五个或以上国家制造的部件组成，在它们最终抵达商业街上的百货商店前，彼此之间相隔数千英里的情况很常见。如果制造是受到零售商的控制，需求是受到消费者的驱动，服装设计师在这种情况下应该负有多大的责任？即使设计师想要减少时尚的社会影响，他们能够做的最有用的事是什么？

传统的夏威夷羽毛披肩（称为'Ahu'ula）是由数以千计的小鸟羽毛制成，是贵族王权的重要组成部分。最初它们是红色的（'Ahu'ula的字面意思就是红色衣服），但是由于黄色羽毛尤其稀有而变得极其珍贵，因此被引入到图案中。

尽管在最近的时代，很多人对它们的起源有着极大的兴趣，这些图案的意义以及它们制作的准确年代或地点，在很大程度上不可知了。1778年英国探险家詹姆斯·库克到访夏威夷，羽毛披肩就是他带回英国的物品之一。

披肩的基础图案被认为是反映神或祖先的灵魂，家庭关系和个人在社会中的排名或位置。这些服装的基础层是一张纤维网，其表面是层层叠叠的捆在网上的羽毛束。红色羽毛来自叫做'i'iwi或'apapane'的猩红蜜鸟。黄色羽毛则来自一种黑色的鸟，它们的每只翅膀下都有黄色的毛簇，被称为是Woo，或者来自一种尾巴上下有黄色羽毛的马莫（一种蜜鸟）。